U0160186

这是一本清新活泼、非常接地气的汉服制作指南，难得把原本枯燥的缝纫裁剪工艺表达得这么通俗易懂又生趣盎然。看到作者多年来专注于汉服研究，并将成果分享给更多的人，深感欣慰。已经开始期待下一本书啦。

——楚和听香 CHUYAN 品牌创始人、艺术总监 / 北京服装学院教师 楚艳（@ 楚艳 CHUYAN）

由裁剪针线进入中国历史，以衣裳裙帔感悟千年文明，一书如叶，乘风万里。

——作家 孟晖

丝路天下起雄峰，古韵今风国潮涌，食是生命衣似魂，汉唐文脉创新风。美人罗裳唱前奏，三足鼎立达思鹏，值得一读好教程，汉服新款传五洲。

——吴罗传承人 李海龙

《美人罗裳：汉服制作专业教程》是一本实用的工具书，深入浅出地讲述了中国传统服装的制作技巧，作图严谨细致，画面美观易懂，能激发读者学习和创作的热情。

——北京服装学院教授 赵明（@ 北服赵明老师）

本书从历代女装中选择了几款最经典、最具代表性的作为案例，从材料、工具到工序一一做了剖析，图解清晰，对于喜欢动手的服装爱好者来说是非常好用的一本指南。

——服饰史研究者 陈诗宇（@ 扬眉剑舞）

这是一本兼具趣味性和实用性的工具书，架构图解清晰有序，很大程度上拉近了传统服饰与大家的距离。

——独立制片人 / 音乐人 璇玑（@ 璇玑）

一本书，一缕馨香清爽。精致的实践，优雅的教程。与其对汉服制作的一些问题争论不休，夸夸其谈，不如拈银针，引彩线，持金剪，裁罗裳，让读者真切地领略中国风韵。

——作家 马大勇

三位作者多年来积极推广中华传统文化，醉心研究国风妆容造型、汉服和插画，这种精神值得学习。本书是一本为数不多的详细讲解汉服制作的专业教程，难能可贵，值得推荐！

——凤凰吉象 IP 创始人兼 CEO/ 清明上河图 3.0 互动艺术展演宋"潮"游乐园策展人 张宛娴

认识顾老师是一次机缘巧合，同为白羊座的我们有说不完的话，偶有时间也会相互交流探讨，为彼此在不同的领域里增长见闻。几年间，顾老师相继出版了《美人云鬟：国风盘发造型实例教程》《美人点妆：国风妆容与盘发实例教程》和个人游记《汉服旅者》等书，勤奋程度令人叹服。这次要力推她即将出版的新书《美人罗裳：汉服制作专业教程》。这本书不但可以作为服装手工制作教材，还为我们普及了中国服装历史，是一本知识点比较全面的书，适合每一位喜欢手工和汉服的读者。

——插画师 千景绘（@ 千景绘 STUDIO）

"纤纤擢素手，札札弄机杼。"用灵巧的双手和"美人罗裳"编织出五彩的梦。

——福建汉服天下创始人 郑炜

小思是我非常敬佩的一位汉服文化传承者，她有一颗对汉服研究、中华传统文化推广执着且热忱的心！这本书详细地展示了汉服的制作与发展，对于想深入了解汉服的朋友们来说是一本非常好的指南。

——国潮音乐人 林小尤（@ 林小尤 Simona）

本书有关于汉服厚重历史的介绍，也有轻松的手工制作汉服的步骤，用易懂有趣的文字引导更多的人去了解和制作汉服。从理论知识到制作方法，全方位地展示了汉服之美，这是一本值得推荐的汉服指南。

——服装设计师 王米佳

为什么要研究汉服文化？

关于中国传统文化，古人留下了很多东西，如唐诗宋词、国画、民乐等。为什么人们唯独忘记了传统服饰？

在《美人云鬓：国风盘发造型实例教程》和《美人点妆：国风妆容与盘发实例教程》相继出版以后，我看到了一群热爱汉服的人，他们在世界各地，尽自己最大的努力去影响周围的人，让更多的人认识汉服，了解汉服。汉服是传统文化中不可丢弃的财富。它经历过文化断层，曾经一度遗失在历史的车轮中，但始终有这么一群人在为它的存在而努力。

在衣食住行中，衣是排在最前面的。研究汉服的形制和发展，有利于我们了解古人的生活方式、经济状况和技术发展水平，帮助我们接近历史的真相。

从广义上讲，汉服历史属于艺术史的一个分支，在学界始终处于边缘位置。其根本原因还是缺乏系统的理论框架和高水准的学术成果，因此很难与主流学术建立平等的对话关系，而这又阻碍了科学话语权的提升。目前，中国古代服饰史的研究有三种情况：第一，侧重礼服，无论是绘画还是墓葬中的服装，都是礼服比较多，因此我们对古人的日常穿着搭配并没有特别多的研究；第二，侧重形制，以现在关于服装史的论文题目来看，其基本上都停留在形制的层面，对形制背后的服饰文化却讨论得并不多；第三，方法单一，基本上大家都在就服饰而讨论服饰，在跨学科的研究及整合其他领域的知识方面相对少见。

当然，真正的汉服已经不再适于现代场合穿着。如今汉服电商兴起，店主售卖的多为改良汉服。这不但没有什么不妥，反而让汉服更好地融入日常生活中，让更多的人认识它，真正达到传播的目的。本书中的案例以日常可穿的服装为主，毕竟衣服的主要功能是穿。

服饰的起源

上古时期人们大多披的是动物皮毛、树叶草葛，那些就是他们的服装。此后，服装定型为上衣下裳，结束了简单裹披状态。直至商周时期，中国服装体系的文化属性开始形成。

要做一件衣服，首先要解决三个方面的问题：材料、工具和技术。而这三个方面在远古时期就已经有迹可循并逐步发展起来。

关于材料：动物皮毛、麻葛及蚕丝是三种重要的材料。动物皮毛不用多说，远古时期，猎杀动物以后，将其皮毛制为蔽体衣物，甚为常见。麻葛属于植物纤维制品，江苏吴县草鞋山遗址出土了三块距今 6000 多年的炭化葛纤维织物残片，足以说明远古时期人们已经开始使用植物纤维制作衣物了。

关于工具：石器、骨针这类工具早在旧石器时代就有使用，石器用来切割植物，骨针用来缝纫制衣。纺轮和纺坠在这个时期也已经出现了。纺坠用来拉长动植物纤维，然后用纺轮把这些拉长的纤维变为纱线，用于纺织和缝纫。

关于技术：编织技术的使用最为普遍，早期的编织是用植物或者动物纤维制成纱线，用手编织出一些较为简单松散的制品。

远古时期人们就用此技术制作衣物，到了夏商周时期，人类文明开始形成，社会阶级逐步分化，纺织业也愈加发达，这时服装不再仅是为了满足原始需求，也开始通过不同的服装来象征地位、身份和权力。

顾小思

2017年年底，小思突然在微博上联系我，说想要和我一起做一本关于汉服制作的书。那时候我们还不认识，只是互相关注了很久。我会看她的梳妆教程，学习怎么梳头发，她则会跟着我的制衣教程囤好看的面料，除此之外我们之间没有交流过。所以，当我看到消息时非常意外，本能地想拒绝。小思看出了我的犹豫，于是我们第一次通了电话。小思用她独特的、极富感染力的语言给我讲了她要写这本书的原因，然后问我："你为什么要做汉服制作教程？"关于这个问题我憋了好久，不吐不快。

我在北京服装学院学习了四年，学习的是西方服装设计的专业知识。教材是从日本引进的，主要是教人制作适合亚洲人身形的西式服装，服装理论、测量、打版等都是以西式服装为基础的。当时的我并没有觉得这有何不妥。直到我在史立萍老师的传统旗袍课中学习了传统旗袍制作，才开始思考一直以来被大家忽视的问题：我们的祖辈在没被西方文化影响时是如何穿衣服的？他们的穿衣习惯是什么？也会有时尚元素吗？这些问题对于已经习惯用当下认知理论来思考的我而言是答不出的，但史老师讲的一个故事给了我启发。

史老师年轻的时候跟着一位旗袍传人学习制作旗袍，每次用水线（水线是一根棉线，要用唾液沾湿，在刷过浆糊的面料上画线）时，史老师都觉得很不舒服。于是她曾尝试用水代替唾液在面料上画线，但浆糊晕开，那块面料作废了。究其原因，是唾液里面有唾液淀粉酶，水线在刷过浆糊的面料上画过之处，唾液淀粉酶分解了淀粉，于是画过之处的面料恢复了柔软，而不会使浆糊晕开。这些原理裁缝师傅可能不懂，师傅带徒弟也是口传心授，传下来的是多年的经验。但是出于各种原因，很多像史老师的师傅一样的传统技艺传人没有找到传人，因此传统技艺慢慢淡出我们的视线，我们这一辈也就很难想象出祖辈是如何做衣服、穿衣服的了。

现代社会中，很多裁缝的理论知识较差，裁缝掌握的实践技能常被称为"雕虫小技"，但实践才能出真知，诸多问题都可以在实践中得到答案。实践并不代表原原本本的复制，由于面料的缺失、文物分析不足、传统工艺失传，今天想要复制一件中国传统服装不是不可能，而是代价太大。所以本书不是教大家如何复制古代的服装，而是用现代的工具（很容易找到）、现代的方法（学会基本技法也可以做其他服装）来做一件汉服样式的服装，既可以满足自己向古人致敬的心愿，又可以穿着。

随着社会分工越来越细，工艺越来越复杂，并不是所有人都了解服装，更别说制作了。我有一篇教程介绍了用定位花面料做明代比甲的方法，定位花是经线方向的，做好比甲后，花形在下摆上。有人给我留言说："这不能算汉服，因为汉服没有肩缝，你这个有肩缝。"汉服为什么没有肩缝？汉服用的是素色面料，四方连续图案的面料，还是定织定绣的？定位花面料要拼花形，必然会产生接缝，有接缝不代表有肩斜度，面料拼接和结构改变是不同的。没有学过服装制作的人是很难理解的，所以很容易被表面现象迷惑。通过本书，读者不仅可以学到制作服装的手艺，还可以粗略了解每个朝代的服装特点。

在选择每一个朝代的代表款式时，我倾向于资料较齐的成熟款、受众较大的基本款，同时服装的功能要齐全，又能展现多种缝纫工艺。款式上参考了沈从文先生的《中国古代服饰研究》和黄能馥、陈娟娟先生的《中国服饰史》，结构上参考了刘瑞璞、陈静洁先生编著的《中华民族服饰结构图考（汉族编）》，还有无劫缘整理的文物资料。这些资料让我感到我和汉服更近了一步，我希望读者看完这本书，能亲自做一件汉服，从而拉近和汉服的距离。

于是，我答复小思说："我加入。只是，如果你想让这本书除了能作为教科书使用外，还能让读者得到视觉上的享受，那还需要一个人——曾汉鹏。"

许寒达

2017年11月26日下午，我收到了好朋友寒达发来的一条消息——想要共同创作一本有关汉服制作的书。就在我又激动又兴奋时，接到了小思的电话。这是一种缘分吧，意愿一致的三个人迅速约了当天的晚饭。就这样，我们列出了写书计划，根据各自擅长的领域分工，我主要负责效果图和插图设计。

此时正逢我离开工作了4年的"楚和听香"工作室，对我而言，进军汉服圈是一个挑战。写本书的初衷也是想打破设计的边界，突破自我。我对传统汉服比较感兴趣，平时的阅读和学习中也会涉及相关知识。同时，我也想通过写书梳理一下与传统汉服有关的知识框架与技法。因此，我接受了好友寒达的邀约。我想这次合作一定会很有趣，很有意义。

我从小就热爱绘画和书法，不论是素描色彩，还是写意工笔，做这些简直就是人生中最幸福的事情。把时光注入笔尖，整个人的精神随着笔尖流动，惊喜总会出现在不经意间，这种意外感最让人激动和兴奋，加上汉服通过插图的形式呈现会更加灵动、鲜活，所以绘制过程就是我最大的享受。我很珍惜这次创作机会，于是带着情怀和信念，踏上了这段美丽的旅程。

曾汉鹏

前言

　　这是"美人系列"的第三本书，我天真地以为有了前两本书的写作经验，本书应该能完成得又快又好。然而，在知识输出时根本就不存在所谓的"熟能生巧"，反而越到后面思考得越多，每一本书的编写都是一场长期的拉练。

　　编写历时一年，本书终于要出现在大家的面前。这是一本非常实用的工具书，但它不仅是一本工具书，更是一本带你寻找心目中国风真正含义的书。所谓"实践出真知"，抛开网络上的各种喧嚣与争论，亲自动手做一件汉服吧。

　　比起普通的工具书，我们希望这本书为大家带来的是追溯的过程。追溯什么？追溯汉服的意义。汉服不只是一件衣服，它还是每个人心上的朱砂痣。相信购买本书的你，一定对汉服有着深切的热爱，汉服代表着我们对古人美好生活的向往，寄情于此，我们希望能帮助你找到自己心目中汉服真正的模样。

　　希望在我们的共同努力下，欣赏到国风独特的美，从而找到自己心中真正的"白月光"。

顾小思

特别感谢

版型顾问：@ 啊咧咧的无劫缘

摄影 / 化妆：@ 不才唐歌

明代服装面料提供：汉客丝路

吴罗史料与图片提供：吴罗工艺传承人李海龙先生

目录

第一章

制作汉服前应掌握的知识

在制作汉服前需要做一些准备工作。除了需要准备常用的针、线和剪刀之外，还有一些其他工具，下面逐一进行介绍。

针 ☁

手针：用于手工缝合和扦边，根据面料的材质和厚度，选用不同型号的手针。

机针：缝纫机上用的针，同样根据面料的材质和厚度选择不同型号的机针。一般面料越厚，机针越粗。

珠针：用于固定待缝合的面料。

线 ☁

棉线：由棉纱制成，是一种常用的缝纫线，用于服装缝合。

丝线：由蚕丝或人造丝制成，用于绣花、装饰，以及丝绸面料的缝制。

金银线：由金属和复合材料制成，用于绣花和装饰。

此外，还有化纤线、混纺线、蜡线、毛线、装饰线和弹力线等。

| 手针 | 机针 | 珠针 | 棉线 | 丝线 | 金银线 |

剪刀 ☁

裁布剪刀：用于裁剪布料，在裁剪丝绸类薄面料时通常使用带有锯齿的防滑剪刀。

纱剪：用于剪线头和打剪口。

绣花剪：绣花剪尖部有一定的弧度，用于剪绣花上的线头。

拆刀：拆线时使用。

剪纸剪刀：与裁布剪刀并无区别，但剪纸与剪布的最好不通用，可准备一把普通剪刀作为剪纸专用剪刀。

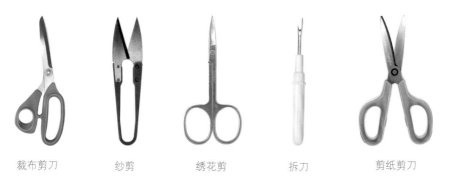

| 裁布剪刀 | 纱剪 | 绣花剪 | 拆刀 | 剪纸剪刀 |

顶针

一般戴在右手中指，用于手针缝纫时顶针尾，以免伤手。

镊子

用于翻布，或在处理细小部位时使用。

锥子

用于钻眼、翻布等。

穿带器

穿带时使用。

穿带器

电熨斗

用于熨平布料、整烫服装。

电熨斗

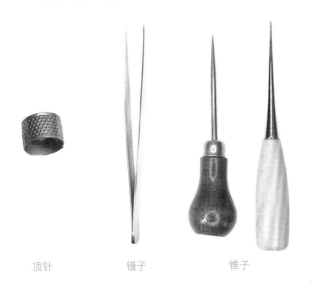

顶针　　　　镊子　　　　锥子

刮浆刀、浆糊、水线

刮浆刀：给面料上浆时使用，一般由竹片或铜片制成，可以自己用竹尺制作。

浆糊：由面粉制成，薄涂在面料上可使面料硬挺有型。

水线：一条粗棉线。刮浆后的面料需要折叠、包边时，用唾液浸湿水线，放在折叠线上。唾液淀粉酶会溶解其所接触的浆糊，使之恢复柔软。

水线

刮浆刀和浆糊

尺子

直尺、三角板：用于测量和辅助画线。

皮尺：用于测量。

直尺

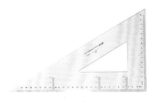

三角板　　　　　皮尺

划粉、水消记号笔、粉袋

划粉：用于在面料上画线，有的做成笔的形状。

水消记号笔：用于在面料上做记号，记号遇水消失。

粉袋：用于在丝绸等易变形的薄面料上画线。

制带器

用于制作包边条。

针包

用于收集手针和珠针。

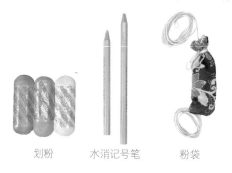

划粉　　水消记号笔　　粉袋

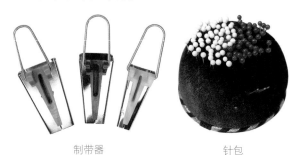

制带器　　　　　　　针包

嵌条

单面嵌条：单面有胶的嵌条，有直丝嵌条和斜丝嵌条两种。

双面嵌条：像双面胶一样可以使两层面料黏合在一起的嵌条。

缝纫机

用于缝制棉、麻、丝、毛和人造纤维等织物，以及皮革、塑料、纸张等制品，线迹整齐美观、平整牢固。

单面嵌条　　　　　　双面嵌条

缝纫机

粘衬

无纺衬：也叫纸衬，有胶点的一面可熨烫在面料上，使面料硬挺有型。

有纺衬：也叫布衬，多用于毛呢面料。

硬衬：非常硬挺的粘衬，多用于裙腰和腰带上。

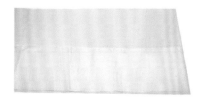

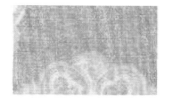

无纺衬　　　　　　　　　　有纺衬　　　　　　　　　　硬衬

1.2 制作汉服的基本方法

汉服的制作包括量体、画图、处理面料、剪裁和缝纫等步骤，下面逐一进行介绍。

1.2.1 量体方法

制作上衣需要测量胸围、腰围、袖长、领围和背长。

制作裤子需要测量腰围、臀围、裤长和立裆长。立裆长指腰线到裤子裆部的距离。

制作裙子需要测量腰围和臀围，裙长根据款式而定。

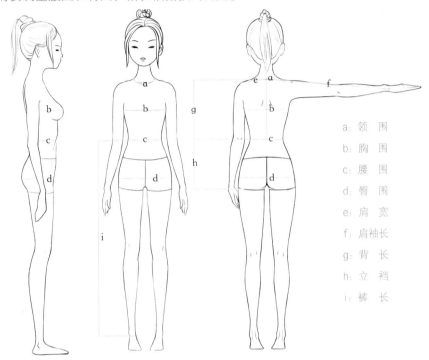

a：领　围

b：胸　围

c：腰　围

d：臀　围

e：肩　宽

f：肩袖长

g：背　长

h：立　裆

i：裤　长

1.2.2 画图方法

汉服大多采用大十字平面结构，没有省道。为了使穿着者活动方便，增加衣物的实用性，服装的放量很大。以下以明制直领右衽袄的版型画法为例讲解画图方法。

01 根据实际测量数据，确定该款服装的通袖长、衣长和胸围。过去，一件长袖上袄是用4幅面料由左及右拼接而成的，一幅面料宽40~50cm，所以通袖长160~200cm。实际制作时不必拘泥于固有尺寸，可根据已有的数据加上40~60cm的放量。

通袖长＝肩袖长×2+放量。画图时，先画出一个T形，横线长度是通袖长，竖线长度是衣长。

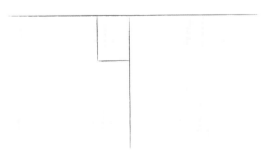

01

画两条辅助线，找到腋下的位置。横线长度是胸围量，胸围量＝（胸围＋放量）/4。竖线长度是袖根肥，袖根在人体的胸围线上，也可依据喜好加大或缩小。建议衬衫类袖根肥为20~30cm，外套罩衫类袖根肥大于30cm。确定袖根肥的原则是穿着合适，不影响活动，且有一定的松量。

02 袖宽为40cm，袖口宽为13cm，下摆宽为80cm，可以根据设计需要确定数据。

03 画出袖形，下摆两侧微微上翘，与侧缝成直角。画出领子，领口宽为20cm。

04 根据测量数据绘制完整的正面图和背面图。

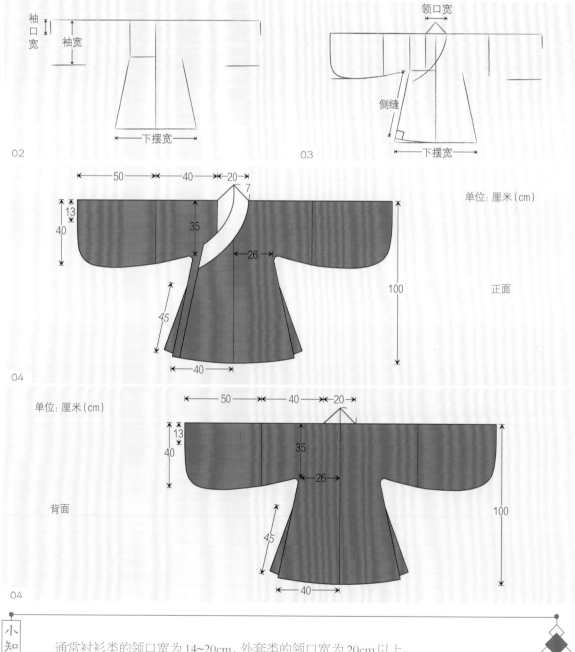

1.2.3 处理面料方法

拿到一块面料后，要先分辨它属于哪种类型，有什么特性，更重要的是，要了解它可能会有什么问题及怎样处理。下面介绍几种常见的面料问题与处理方法。

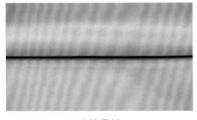
人造里衬

毛呢

针织

1. 面料缩水问题及处理

大部分天然纤维，如棉、麻、丝、毛，即使含有一部分天然纤维，也有缩水的可能。因此在制作前，需要对面料进行预缩处理。棉、麻面料用清水浸泡即可。真丝面料可以用喷壶在面料没有光泽的背面均匀喷水；若真丝面料双面都没有光泽，如双绉，也可以下水预缩。真丝下水后质地会变硬变脆，不宜用力揉搓。毛呢面料不宜下水，直接预留出缩量即可。

2. 面料掉色问题及处理

通常深色面料掉色明显。因此，深色面料可在浸泡时放入少量盐固色，同时应缩短浸泡时间。注意，不同颜色的面料在第一次下水时应当分开浸泡。

3. 面料起皱问题及处理

刚入手的面料通常会有折痕或其他起皱现象。因此，一般会对其进行浸泡，浸泡后大部分折痕会减轻，但天然纤维面料在浸泡后会起皱。因此，天然纤维面料在制作前需进行整烫。对于不容易熨烫平整的折痕，可先使用喷壶将褶皱处喷湿，再进行熨烫。熨斗应在面料背面熨烫，顺着面料经线的方向缓缓移动熨斗，不可斜向用力拉伸。建议熨烫时在面料上垫一块白色棉布，防止面料掉色。

表 熨烫温度建议

面料	温度（℃）
化纤	100~160
丝绸	160~180
毛呢	160~200
棉	170~200
麻	180~210

4. 面料丝向不正问题及处理

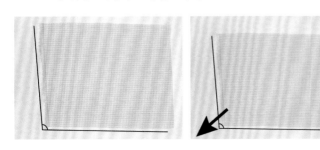

面料的经线和纬线不相互垂直时，需要整纬。具体的方法是，抓住面料的两个钝角向反方向适当拉伸。

1.2.4 剪裁方法

剪裁前需要分清楚面料的经纬、正反和毛峰。

判断面料的经纬方向：如果是整幅裁下来的面料，可以找到两条织布留下的布边（织布机织布形成的面料的边缘）和两条裁剪后的毛边，与布边平行的是经线方向，与布边垂直的是纬线方向。

判断面料的正反面：边缘有针孔，针孔向下的一面是正面，反之则是反面。

判断毛呢面料的毛峰倒顺：用手轻轻抚摸面料，感觉顺滑的方向是顺毛方向，感觉有阻力的方向是逆毛方向，也可以通过观察毛峰倒伏的方向来辨别。一般做上衣时毛峰向下。

剪裁时应使面料正面向下，背面向上，在背面画线。在图中用 Z 形符号表示经线方向。

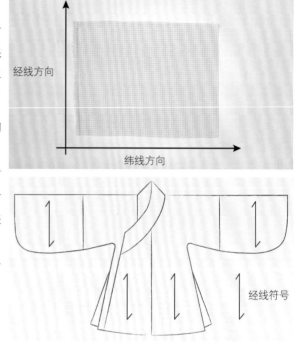

1.2.5 常用的手针缝纫法

手针缝纫是一项传统手艺，最早使用的针有骨针、木针、象牙针和铜针等。手针工艺是缝纫机缝纫无法取代的。下面我们来学习几种常见的手针缝纫法。

打结：将线穿入针孔，在线尾处打结。

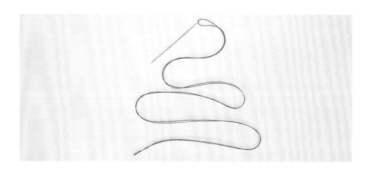

绗缝：又叫平针法，用于临时固定两块面料，也可用珠针代替。针从右向左一上一下穿过面料，将两层面料缝在一起。

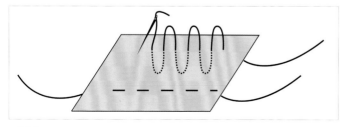

倒针：针从面料下方向上穿出，然后向右4mm的位置向下穿入，再向左8mm的位置向上穿出，形成向前一针倒退半针的针法。相比绗缝，倒针缝出的效果更结实。

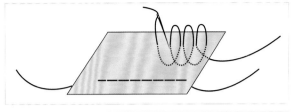

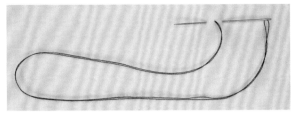

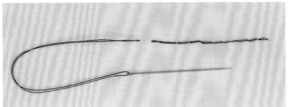

暗针：将面料翻折两遍并熨烫，将针从下方穿出双层面料的边缘，穿入下方单层面料，挑起1~2根纱线，向左4mm从下方穿出双层面料。挑起纱线的位置在穿过双层面料针位的正下方时，露出的线迹最短。正面不露针迹，背面的针迹也很隐蔽。暗针主要用于缝合领口，装饰滚边等。

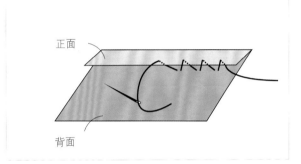

正面

背面

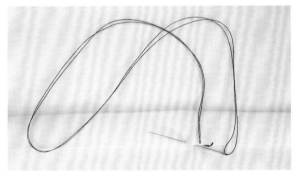

三角针：先将面料翻折两遍并熨烫，双层面料在下方，单层面料在上方。针从双层面料穿出，向右4mm，从单层面料上挑起1~2根纱线，从右向左穿出。然后向右4mm，从双层面料上挑起1~2根纱线，从右向左穿出，形成一条折线。用厚面料制作服装的底摆、裤脚时常使用此针法，因为这样正面看不出线迹。

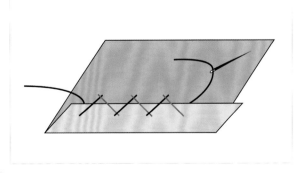

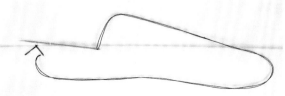

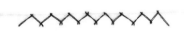

1.2.6 缝纫机的使用方法

缝纫机可以通过机针与缝纫线在缝料上缝制出一种或多种线迹，也可以将多层缝料缝合起来。下面我们来学习缝纫机的使用方法。

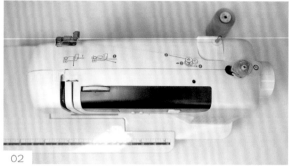

01 缝纫机需放置在稳定的水平桌面上，若桌面晃动，在缝纫时缝纫机会受到损伤。

02 先将空的小线轴插入缝纫机上方的绕线轴上，卡入卡槽；然后将面线按图中所示路径上线；接着接通缝纫机的电源，按下开始按钮或踩脚踏板，开始绕线。

小知识

缝纫机的缝纫原理和手缝不同，缝纫机会通过面线和底线交织，以达到缝合的效果。面线可直接用购买的宝塔线，底线则需要将宝塔线绕到小线轴里使用。图中是面线。

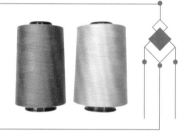

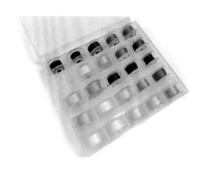

03 为方便配合不同颜色的面线，可以准备一个底线盒。绕好线后，将小线轴放入底线盒内。

04 将小线轴放入底线槽，将面线穿入缝纫机。

05 根据缝纫线迹的不同，选择不同的缝纫压脚。通常使用直线 L 形压脚。

06 逆时针转动手动操作轴，带出底线。

07 开始缝纫。

1.2.7 常用的缝纫机缝纫法

使用缝纫机进行缝合的优点是高效、平整，一些功能复杂的缝纫机可以缝出多样线迹，甚至可以绣花。下面我们来学习几种常用的缝纫机缝纫法。

平缝：将面料的正面相对，要缝的两个边缘对齐，在距边缘 1cm 处缝一道直线。缝合后需要将缝份劈开熨烫。平缝是最基本的缝合方法，用于连接两块面料，缺点是毛边暴露在背面，一般用于有里衬的服装。

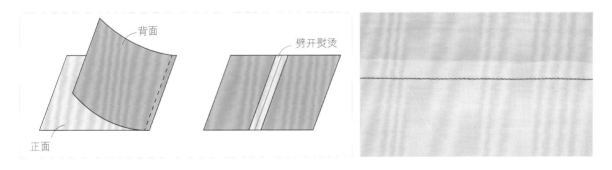

分缉缝：在平缝的基础上提升牢固度和美观度的一种缝法。平缝结束后，在缝份左右各缝一道直线，距离缝合线 1~3mm 为宜。

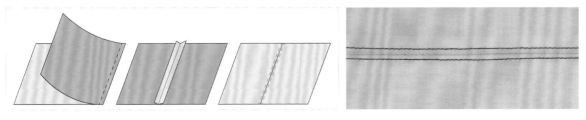

压倒缝：在平缝的基础上提升牢固度和美观度的一种缝法。平缝结束后，将两个毛边压倒在一边，在缝份有毛边的一边缝两道直线，分别距离缝合线 2mm、8mm 为宜，也可根据设计而定，最远不超过毛边。

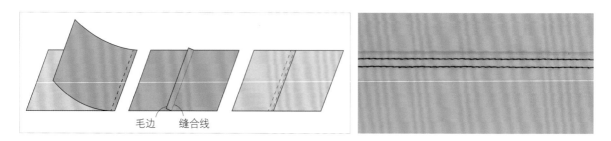

毛边　缝合线

来去缝：将面料背面相对，要缝合的两个边缘对齐，在距边缘 2~3mm 处缝一道直线。缝好后将面料正面相对，缝合处熨烫平整。在距离缝合线 7~8mm 处缝一道直线，把毛边藏起。来去缝常用于缝合薄面料，以及缝制没有内衬的服装。缝制容易脱线的面料时，可以用锁边缝代替第一道缝线，以防止面料脱线。

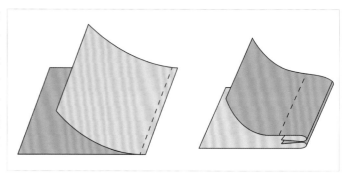

锁边缝：在缝纫机有锁边功能的情况下，用锁边专用压脚配合对应的锁边线迹缝制。可以给单层面料锁边，也可以给多层面料锁边。

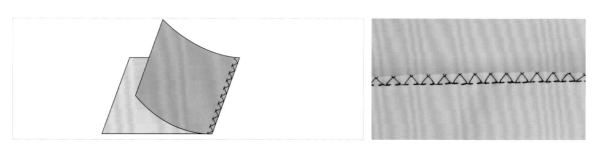

翻折缝：将面料一边向背面熨烫出 1cm 的折痕，放在下层。要缝合的两块面料背面相对，上层面料边缘夹入下层的折痕内，沿折痕毛边 2mm 处缝一道直线，即图中黑色的虚线部分。将两块面料分开，缝份倒向有毛边的一边，熨烫平整，在距边缘 2mm 处缝一道直线，即图中红色的虚线部分。翻折缝因牢固且美观，常用于衬衫肩部、裤子侧缝，以及不需要里衬的服装缝制。

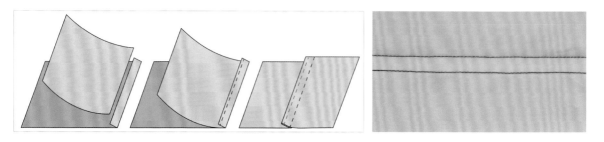

卷边缝：将面料向背面折两次，熨烫出折痕，在距离缝份边沿 2mm 处缝一道直线。卷边缝常用于缝制服装下摆、袖口等位置。

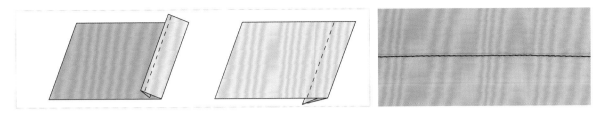

搭接缝：将两块面料边缘重合1~1.5cm，在重合部分的中间位置缝一道直线。搭接缝主要用于拼接两块面料。由于正反两面都留有毛边，因此此方法不常使用。

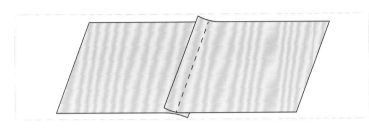

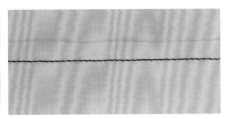

外包缝：在布料上画两条与纬线呈45°角且距离为4cm的直条，按线裁剪后得到一条宽度为4cm的直条。将直条正面与面料正面相对，在距边缘8mm处缝一道直线。缝合后将直条翻到面料背面，在缝合处再缝一道直线（毛沿边）。因背面留有一道毛边，一般用于有里衬的服装。

无里衬的服装一般用另一种外包缝的做法——净沿边。直条与面料缝合并翻到面料背面之后，将毛边向里折，将边缘与面料缝合。净沿边常用于服装镶边。

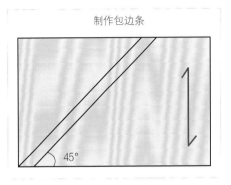

制作包边条

45°

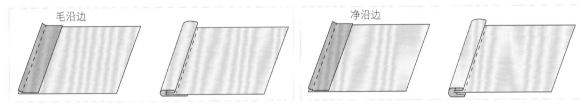

毛沿边

净沿边

1.2.8 常用的钉扣子方法

在制作服装时，扣子是常用的辅料，是用来扣合衣服的球状或片状小物件。以下向读者展示怎样用合适的针法将不同类型的扣子缝到衣服上。

1. 两孔扣

两孔扣是一种平面扣，顾名思义，两孔扣的中间有两个孔。

01

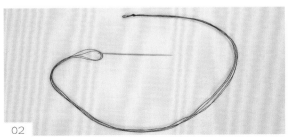

02

01 将一根线对折，将中点穿入针孔，用四股线钉扣子。线的颜色一般选择扣子颜色的相近色，为了让读者看清，此处使用红色的缝纫线。

02 在线尾打结。

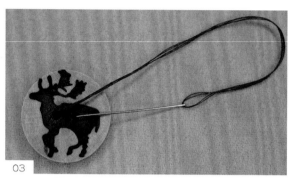

03 将针从面料背面穿入，从正面拉出，然后从其中一个扣眼中穿过，接着从正面穿入另一个扣眼至背面，重复2次或3次。线穿过扣眼时不宜拉得过紧，需要留有一点余地。

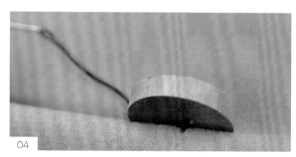

04 缝好扣子后，将针从面料背面穿上来，从面料正面拉出，不穿入扣眼，逆时针在扣子与面料之间绕3~5圈。

05 绕好后，将针穿到面料背面，打结。两孔扣就钉好了。

2. 四孔扣

四孔扣是一种平面扣，扣子中间有4个孔。四孔扣有两种缝法：一种是平行法，另一种是交叉法。

（1）平行法

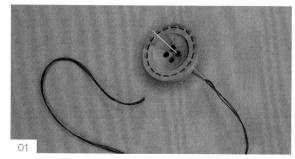

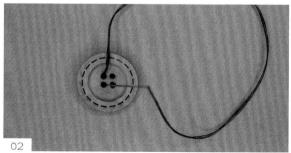

01 与两孔扣的缝法一样，针从面料背面进入，从面料正面穿出，进入左上方的扣眼。

02 从上方穿入左下方的扣眼，穿至面料背面。

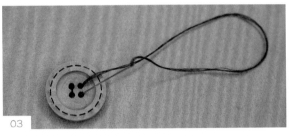
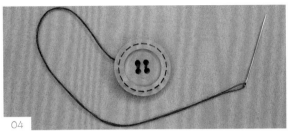

03 从右上方的扣眼穿出，然后穿入右下方的扣眼，穿至面料背面。

04 如此反复2遍或3遍，得到两条平行的线迹。

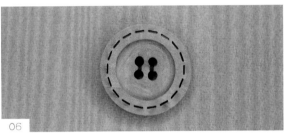

05 将针从面料正面穿出，不穿入扣眼，沿逆时针方向绕线3~5圈。

06 将针从面料正面穿入，在面料背面打结。四孔扣就钉好了。

（2）交叉法

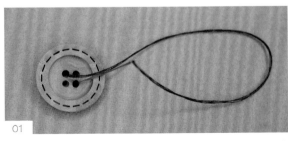

01 操作同平行法的步骤01。

02 穿入右下方的扣眼，穿入面料背面，从右上方的扣眼穿出，再穿入左下方的扣眼，穿至面料背面。

03 针从面料正面穿出，不穿入扣眼，沿逆时针方向绕线3~5圈。将针穿入面料背面，打结。得到一个交叉的线迹。

3. 蘑菇扣

蘑菇扣是一种立体扣，扣子的背面有孔圈，从正面看是看不到扣眼的。

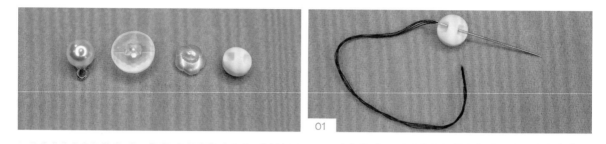

01 钉蘑菇扣时，针从面料背面穿到正面，然后从扣子背面的孔穿过。

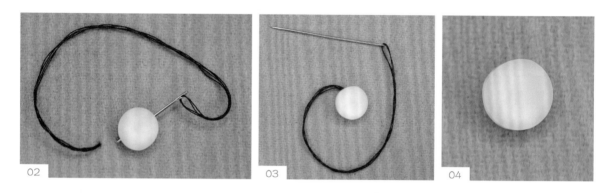

02 在距离起针点一个扣眼的宽度，将针穿入面料，如此反复3次或4次。

03 绕线方式同两孔扣和四孔扣。

04 钉好后看不到线迹。

4. 按扣

按扣（四合扣）由两个部分组成，一个中心有凸起（左边一列），另一个中心有凹槽（右边一列）。两个部分组合在一起可以固定两个衣片。一般按扣分为金属扣、塑料扣和布包扣。图中是金属扣和布包扣，钉扣方法相同。

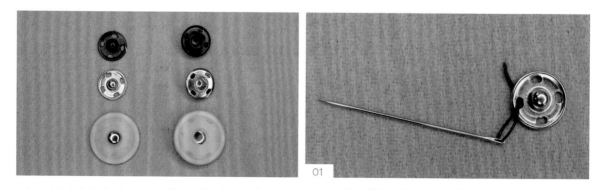

01 将针从面料背面穿到正面，并穿入其中一个扣眼。

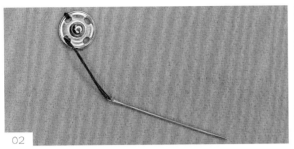 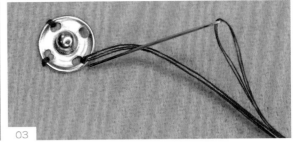

02 将线拉紧，将针从扣眼外侧沿扣眼边缘穿入面料，然后从其相邻的扣眼中穿出。

03 用相同的方法进入下一个扣眼。如果扣子偏大，可以每个扣眼缝两次。

04 这样一半按扣就缝好了。

05 钉另一半按扣，与前面的操作相同，注意将线拉紧。

06 按扣缝制完成。

5. 子母扣

子母扣由子扣和母扣两部分组成，使用时不需要制作扣眼，将子扣穿入母扣的孔中即可。子母扣常用于明代服装（对襟衫或袄）的门襟。

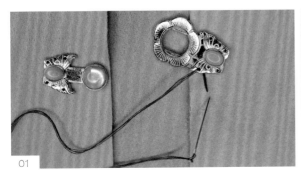 

01 子母扣的缝制方法与按扣相同，具体步骤详见"4.按扣"。

02 子母扣缝制完成的效果。

1.2.9 褶裥的缝制方法

褶裥是两块长度不同的面料拼接时形成余量所产生的纹，大致分为 3 种。

1. 碎褶

碎褶是服装中均匀排布的小褶子。

01 裁剪一块边长为 8cm 的正方形面料，再裁剪一块 16cm×10cm 的长方形面料。

02 准备在长方形面料的长边上打碎褶，用于和正方形面料缝合。

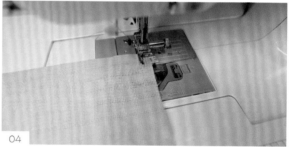

03 将缝纫机的针脚调到最大值。这一步也可以用手缝平针代替。

04 在长方形面料的长边上缝合一道直线，直线距离面料边缘 5~7mm。

05 缝好后，缝纫线两端各留2~5cm的线头。为清晰示意，图中红色的线为面线，绿色的线为底线。

06 拉住两头的红色面线，使长方形面料向中间聚拢。此时，面料出现碎褶，注意碎褶要排布均匀。

07 将碎褶的长度与正方形面料的边长调整一致，缝合。

小知识　　　碎褶经常用于裙子、泡泡袖等需要细小褶皱但每个褶裥宽度又不需要非常精确的部位。

2. 平行褶

平行褶是间距一样宽的褶裥，常用于百褶裙。制作裙身的褶裥时，需要计算每一个褶裥的宽度，使褶裥紧密相连，没有余量。此处示范的是不需要计算褶量的方法，用于制作对褶裥宽度没有严格要求的褶裙，在实际应用中更常见。

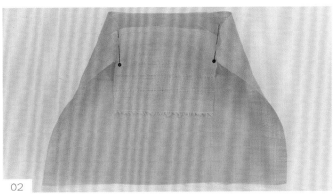

01 与碎褶一样，准备两块面料。如果想做褶裥紧密相连或褶裥之间有重叠的平行褶，长方形面料的长边的长度最好是正方形面料边长的3倍以上。

02 将两块面料的正面与正面相对，用珠针将正方形面料的两端与长方形面料长边的两端固定在一起。

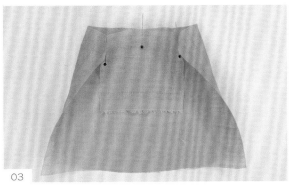
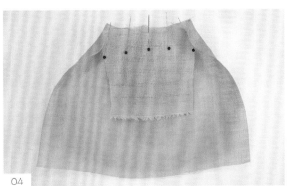

03 找到两块面料的中点，用珠针固定。

04 再用两根珠针在正方形面料的1/4处与长方形面料固定在一起。

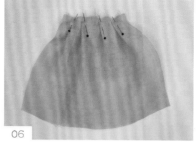

05

06

07

05 翻过来可以看到，长方形面料上出现了褶裥，褶裥的宽窄可根据需要确定。

06 将褶裥向同一个方向压倒，用珠针固定。

07 缝合后完成制作。

3. 工字褶

工字褶也叫合抱褶。与平行褶不同，工字褶是两个褶裥相对的一对褶。

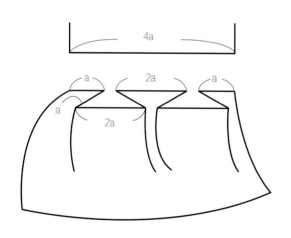

01

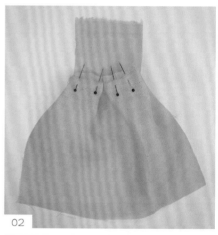

02

03

01 制作时先要确定褶裥的宽度。如果正方形面料的边长是4a（蓝色4a），要做两个紧挨着的工字褶，且做好后长方形面料的长边正好与正方形面料的边契合，那么蓝色a+2a+a就是长方形面料处理好后与正方形面料相接边的边长。

02 准备长方形和正方形面料，根据褶裥宽度用珠针将两块面料固定在一起。

03 缝制完成的效果。

1.2.10 粘衬熨烫方法

在缝制一些服装的零部件（如领子、袖口等）时，需要面料硬挺有型，这时柔软的面料就需要烫衬。棉、麻面料一般烫纸衬，丝、毛面料一般烫布衬，做腰带、裙腰时烫树脂硬衬。

不同材料烫衬的方法是相同的，此处用毛呢面料举例。

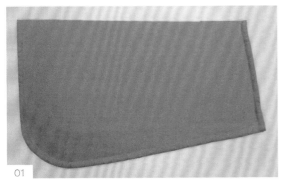

01 剪下面料并裁片。

02 准备与面料颜色相近的布衬。布衬一面有胶点，一面光滑。将布衬有胶点的一面与裁片的背面贴在一起。

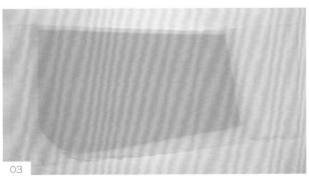

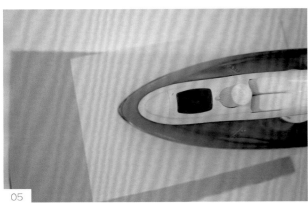

03 沿着裁片的边缘剪下布衬。

04 布衬与裁片的大小相等。

05 在布衬与熨斗之间垫一块白色棉布，防止胶点粘在熨斗上，也防止熨斗温度过高，烫坏面料。设置熨烫温度在160℃以下，不要移动熨斗，放置 5 秒左右，轻轻拿起，再放在相邻的位置上。

小知识　　需注意熨斗的温度，毛呢的熨烫温度是 160~200℃，但是布衬的熨烫温度是 160℃以下，要按照低温面料的温度熨烫。

1.2.11 绗棉法

做棉衣时，会用到绗棉工艺。现在更多用丝棉片代替纯棉，更适合家庭手工制作。

棉衣中的棉片夹在面料与里衬之间，如果不把棉片绗在面料上，棉絮会松散、移位，所以要把棉片绗在面料上。一般是将棉片绗在里衬上，使面料平整且不露线迹；也可以绗在面料上，让线迹成为一种装饰。

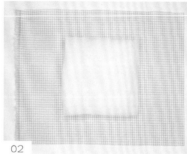
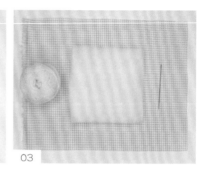

01 准备需要绗棉的裁片。

02 准备棉片。一般棉片的边长比裁片的边长小 2cm。图中为了展示得更清晰，放大了裁片。

03 准备绗棉用的粗棉线和粗针。

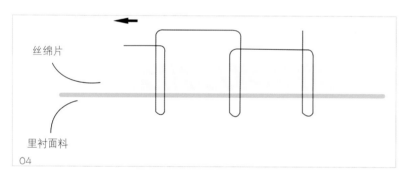
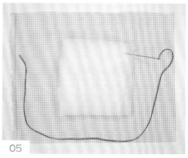

04 观察示意图，了解如何用倒针缝纫法将面料与棉片缝合。

05 为使展示效果更清晰，用红色棉线代替了白色棉线，一般应选用与裁片颜色相近的线。针从棉片穿入，线头留在棉片这一边。

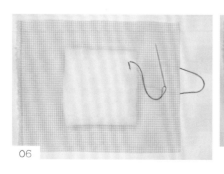
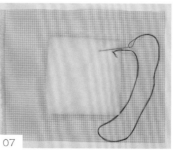
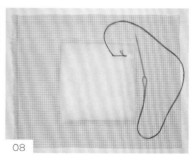

06 针往右平移 2mm，从裁片穿入，从棉片穿出。

07 针向左平移 3cm，从棉片穿入，从裁片穿出。

08 继续采用倒针针法进行缝制。

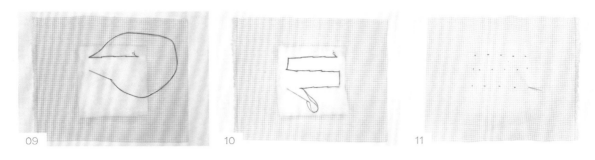

09 拐弯时，将长针脚留在棉片这面。

10 在棉片上进行蛇形缝纫，可以减少打结的次数。

11 翻过来看，裁片一面的针脚很小。

1.2.12 腰带 / 发带的制作方法

腰带是系在腰间的带子，发带是扎头发用的系带，两者的制作方法相同，此处一并讲解。

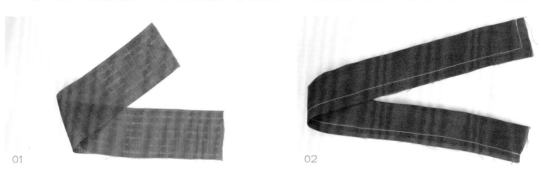

01 准备一块长方形面料。

02 正面相对进行折叠，熨烫平整后沿边缘 1cm 处缝一道直线，缝成一个筒。注意要留一个口，用于翻转。如果是制作发带类短一些的带子，可以像图中一样在一头留开口。为示意清晰，此处用了白色线，在实际操作时，应选择同面料颜色相近的缝纫线。

小知识

如果是制作腰带类长一些的带子，建议在带子中部留一个小于 5cm 的开口，用于翻带子。

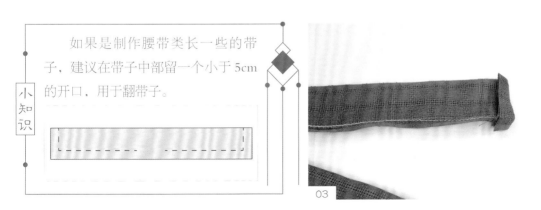

03 在缝死的一头沿缝线折叠毛边，便于翻带子。

04 翻带子。

05 将预留的开口向内折叠1cm，熨烫平整。

06 用暗针缝合开口。将针从内向开口边缘穿入，使线结留在带子内。

07 缝合开口。针一上一下，缝出平行的线迹。

08 将线拉紧，拉紧后看不到线迹。

09 带子制作完成的效果。

我们在古装剧中经常听到"绫罗绸缎"这个词。这个词拆分开来其实是4种面料——绫、罗、绸和缎。古代平民常用苎麻和棉布等面料做成粗布麻衣，王公贵族则穿绫罗绸缎等。

1.3.1 绫

"异彩奇文相隐映，转侧看花花不定。"这句诗出自白居易的《缭绫》，意指从不同的角度去看缭绫，会看到不同的异彩奇纹。

"绫"也作"绮"，《释名·释采帛》中曰："绮，欹也。其文欹斜，不顺经纬之纵横也。"意指绫以斜纹组织为基本特征，以斜纹组织或以斜纹为底的提花组织为主，混用其他组织制成的丝织品。最早的绫表面呈现叠山形斜纹。按原料分，绫分为纯桑蚕丝织品、合纤织品和交织品。绫又分为素绫和纹绫。素绫是单一的斜纹或变化斜纹的织物，纹绫则是以斜纹为底的单层暗花织物。

绫在我国丝绸发展过程中出现得较早，可以追溯到商代。绫盛行于唐代，其中以缭绫最为著名。缭绫质地细致，色彩华丽，产于越地，唐代作为贡品。唐代官员所穿的官服就是以不同级别的绫作为衣料的。"绫"作为一种光滑柔软、质地轻薄的丝织物，一般用于衬衫、睡衣，也常用于装裱图画、书籍及高级礼盒。在繁多的品种中，浙江的缭绫最为出色，白居易在《杭州春望》中所描写的杭州春日，有一句便是"红袖织绫夸柿蒂"。

右侧上图所示为唐代红色蝶绕宝花绫（现藏于中国丝绸博物馆），右侧下图所示为唐代绿地双龙宝箱花纹绫（现藏于日本正仓院）。

1.3.2 罗

"荷叶罗裙一色裁，芙蓉向脸两边开。"

罗是一种绞经织物，即每两根或更多的经线为一组，经线相绞，再与纬线交织而成的织物，织物表面有纱空眼。罗又分为横罗和直罗，传统品种杭罗为横罗。罗的质地轻薄，丝缕纤细，经丝互相绞缠后呈椒孔形，质地紧密、结实，纱孔通风，穿着舒适、凉爽，适用于制作夏季的服饰、刺绣坯料和装饰品。

《会稽志·布帛》中曾记载，春秋时越国生产的织物中有罗。《拾遗记》中载，孙权之妻赵夫人，人称"三绝"（机绝、针绝和丝绝）。"织为罗，累月而成，裁为幔，内外视之，飘飘如烟气轻功，而房内自凉。"可见当时的罗已堪称绝品，战国时期都以穿着罗为贵。吴罗历史悠久，6000多年前的苏州草鞋山遗址就有吴罗的发轫遗存。伏羲氏曾在太湖流域发明了网罟，即一种用野生葛和麻类制作的捕鱼抓鸟的工具。随着人类社会的发展和进步，人们开始以桑蚕丝作原料进行绞经编织布匹，后来才有了古墓出土的四经绞罗织物。宋元之际，吴罗已名扬天下，"吴罗五文彩，蜀锦双鸳鸯"在民间广为流传。吴罗也是吴地文化的重要组成部分。

1.3.3 绸

"驼铃古道丝绸路，胡马犹闻唐汉风。"

绸是丝织品中最重要的一类，由平纹组织或变化组织经纬紧密交错织成。绸面挺括细密，手感爽滑。绸出现于西汉，汉代开始就已通过丝绸之路远销各国。明清以来，绸成为丝织品的泛称，现在习惯上把绸与起缎纹效应的缎统称为绸缎。绸属中厚型丝织物，其中较轻薄的品种可做衬衣和裙，较厚重的可做外套和裤子。绸类织物按所用原料分为真丝类、柞丝类、绢丝类和化纤类等。从成品的手感和色泽上看，纯桑蚕丝质地柔滑，反射的光线比较柔和。一般市面上常见的丝绸是美丽绸，多为人造丝产品，绸面色泽鲜艳，斜纹道清晰，手感平滑挺劲。此外还有斜纹绸和尼龙绸，但已被市场淘汰。

1.3.4 缎

"千封锦缎西霞路，万里行舟大海驰。"

缎由缎纹组织或缎纹变化组织织成。明清时，缎成为丝织品中的主流产品，它是丝绸产品中绚丽多彩、工艺水平最高的品种。其特点为平滑光亮，质地柔软，花形繁多，色彩丰富，纹路精细，华彩瑰丽。常见的缎织物有花软缎、素软缎、织锦缎和古香缎等。其中，古香缎华彩瑰丽，具有民族风格，可以做旗袍、被面和棉袄等。

下页左图所示为鸟衔花枝纹缎夹袄（现藏于宜兴博物馆），下页右图所示为现代真丝缎面提花。

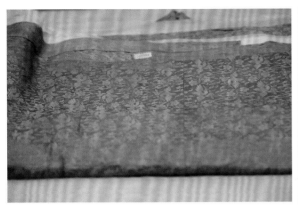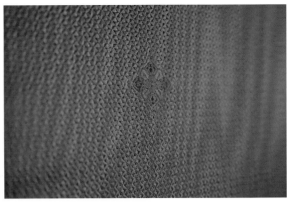

1.3.5 纯棉

纯棉织物是以棉花为原料，通过织机，由经纬纱纵横沉浮交织而成的纺织品。纯棉织物可分为原生棉织物和再生棉织物。

棉纤维具有较好的吸湿性。正常情况下，棉纤维的含水率为 8%~10%，所以在棉接触人的皮肤时，人会感到柔软。如果棉布的湿度增大，周围的温度变高，纤维中含的水分会蒸发。若织物保持水平衡状态，人会感到舒适。由于棉纤维是热和电的不良导体，热传导系数极低，又因棉纤维本身具有多孔性、高弹性的优点，纤维之间能积存大量空气，空气又是热和电的不良导体，所以纯棉织品具有良好的保温性。穿着纯棉的服装能使人感到温暖。纯棉织品的耐热性良好。110℃以下时，只会引起织物上水分的蒸发，不会损伤纤维。所以，纯棉织品在常温下穿着使用、洗涤、印染等对织品都无太大的影响，因此纯棉织品耐洗、耐穿。棉纤维在碱溶液中不易被破坏，该性能有利于清洗被污染的部分，也有利于对纯棉织品进行染色、印花及各种工艺加工，以产生更多棉织新品种。经多方面查验和实践，纯棉织品被认为与肌肤接触基本无刺激，久穿对人体无害，卫生性能良好。

1.3.6 苎麻

苎麻是一种天然纤维，能够抵抗细菌、霉菌和昆虫的攻击，吸光度非常高，易染色。但是，苎麻纤维的弹性较差，容易起皱，耐磨性也比较差，所以不适合做整体服装，而适合做腰带。

1.3.7 丝麻

丝麻是由真丝和麻混纺而成的面料。其优点是面料比较高档，具有天然麻织物的外观风格——挺括。同时，由于其中加入了桑蚕丝，所以透气性较好。其缺点是容易出现色差，色牢度较差，缩率不稳定，需要干洗。

1.3.8 棉麻

棉麻是由一半麻和一半棉混合纺织而成的织物，同时兼具麻和棉的特点。一般的纯麻衣料手感比较粗硬，贴身穿起来产生的皮肤摩擦感很明显，时间一长也容易起球；而纯棉衣料有质地太轻的缺点，穿起来没有坚挺感。棉麻混合面料有效克服了麻和棉的缺点，两者优势互补，穿着舒适，透气又牢固。棉麻可以吸附汗水，使人的体温恢复正常，且棉麻冬暖夏凉，适合作为贴身衣料使用。

1.3.9 丝棉

丝棉以100%桑蚕丝为原料，全称是"蚕丝棉"。传统丝棉由蚕丝与棉纱通过手工织成，一般选用双宫茧（双宫茧即由两个蚕宝宝共同做成的蚕茧）。而市面上人们常说的丝棉其实大多是仿丝棉，由粘胶纤维与棉纱交织而成。蚕丝与棉纱交织而成的丝棉不仅能够体现蚕丝的柔软与光滑，还能体现棉的贴身与舒适，将棉与丝的性能有机融合，从而提升了面料的品位和档次。粘胶纤维与棉纱交织而成的丝棉有着更好的手感、光泽和透气性，这种面料的应用也越来越广泛。

1.3.10 真丝

真丝面料是相对于仿真丝绸面料而言的。真丝一般指蚕丝，包括桑蚕丝、柞蚕丝、蓖麻蚕丝、木薯蚕丝等。真丝面料是一种昂贵的面料，广泛用于服饰及家具中，以不易打理和舒适透气闻名。它的亲肤性是其他面料无法比拟的。真丝面料根据织物组织、经纬线组合、加工工艺和绸面表现形态分为 15 类。每类绸面都具有素（练、漂、染）或花（织、印花）的表现。

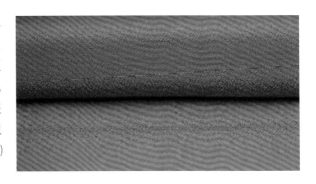

真丝双绉（右上图）是真丝面料中的一类，由平纹组织织成，经无捻，纬采用二左二右强捻丝。其表面呈均匀的绉效应。

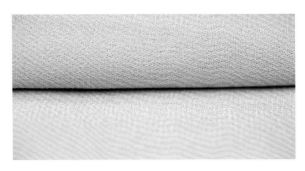

真丝双乔（右下图）是真丝面料中的一类，由平纹组织织成，经纬采用二左二右强捻丝。其质地轻薄，绸面有纱眼和绉效应。

1.3.11 色丁

色丁的英文名为 satin，也可译为沙丁。其外观与五枚缎相似，但密度高于五枚缎。通常色丁有一面很光滑，亮度较高，这一面就是它的缎面。色丁的规格有 75D×100D、75D×150D 等。色丁的原料可以是棉、涤纶、纯化纤，也可以由不同面料组织混纺形成。色丁主要用于制作各类女装，作为睡衣或内衣面料。色丁流行性广，光泽度佳，悬垂感好，手感柔软，有真丝般的效果。

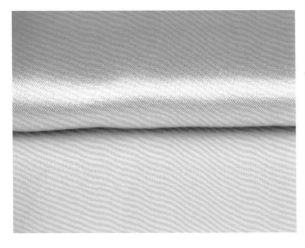

1.3.12 化学纤维

以天然的或人工合成的高分子物质为原料制成的纤维。常见的纺织品，如胶布、涤纶卡其、锦纶丝袜、腈纶毛线及丙纶地毯等，都是用化学纤维制成的。根据原料来源的不同，化学纤维可以分为人造纤维、合成纤维和无机纤维。人造纤维以天然高分子物质（如纤维素等）为原料，有粘胶纤维等；合成纤维以合成高分子物为原料，有涤纶等；无机纤维以无机物为原料，有玻璃纤维等。

1.3.13 织金锦

织金锦是以金缕或金箔切成的金丝做纬线织成的锦。中国古代丝织物加金的工艺约始于战国，十六国时已能生产织金锦。

北方游牧民族酷爱织金锦，因为北方寒冷少水，自然环境中的色彩较单调，犹如太阳光芒般灿烂的金色能给生活在广漠中的人们带来一丝生机。

第二章

汉曲裾制作案例

本章笔者会为大家介绍曲裾（qū jū）的制作方法。曲裾是本书中裁片最多、缝纫工艺最难的服饰。注意，版型图中的每一条实线都是缝合线。

小知识

　　曲裾，交领，右衽，由上衣和下裳两部分组成。穿着的时候，里襟掩入左侧身后，外襟裹于胸前，衽角折到右侧腋后方，再束一条腰带固定。衣身可以单层，也可以双层，还可以加棉，但边缘必须是双层的。

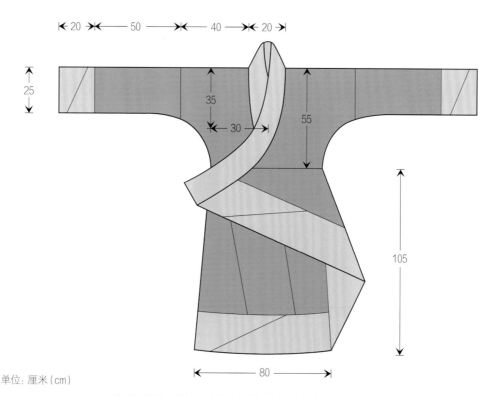

单位：厘米（cm）

数据可根据实际情况调整，此版型图的参考身高为165~170cm。

衣身面料：棉麻

边缘面料：棉麻

腰带面料：夏布（苎麻）

面料工艺：颜色定染

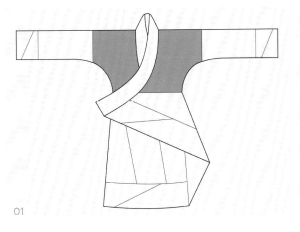

01

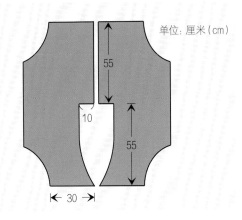

02

单位: 厘米 (cm)

01 画出版型图, 准备剪裁红色衣身部分。

02 图中为需要剪裁的红色衣身部分的展开图, 需要分两步剪裁。注意, 肩部没有破缝, 前后片连成一体, 有后背缝。

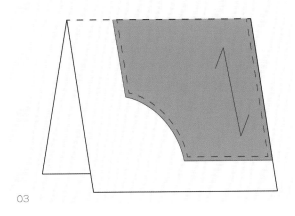

03

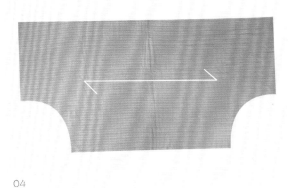

04

03 前片和后片是对称的。将面料沿纬线对折, 面料正面在内, 背面在外, 两层一起剪裁, 得到一侧的衣身。裁剪时, 衣身数据要加1cm缝份。肩部不剪开, 也不用留缝份。

04 剪下后打开裁片, 图为裁片打开后的状态。

05

05 再次沿折叠线对折, 面料正面在内, 背面在外。在裁片上画出领形, 领子缝合后领口宽为20cm, 一侧领口宽为10cm, 因此剪开的领口宽为10cm。前襟是一条弧线, 领口与前襟起始处的切线呈直角, 弧度自然、平顺。

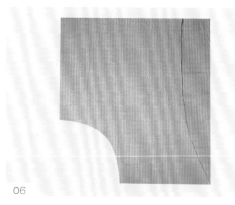

06 沿画线处剪开领口。

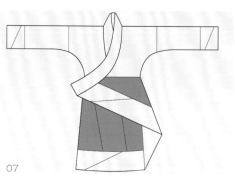

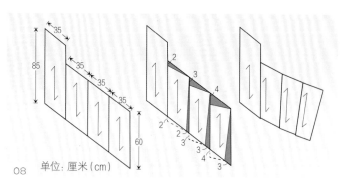

单位: 厘米（cm）

07 准备剪裁图中红色的下摆部分。

08 画 4 个平行四边形，其中 1 个比其他 3 个略高，平行四边形锐角的大小为 45°。4 个平行四边形短边相加的边长大于衣身的腰围即可，具体数值不是固定的。此案例中，腰围是 30cm×4=120cm，4 个平行四边形短边相加的边长是 35cm×4=140cm。将 3 个小平行四边形按图中间的示意去掉红色区域，补齐虚线区域，可得到 3 个不同的四边形。按照所画图纸裁剪布料，将 4 个四边形依次缝合，将缝合后的裁片边缘修剪整齐。

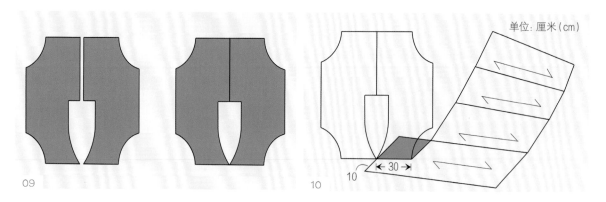

单位: 厘米（cm）

09 将衣身后中缝缝合。

10 将缝合后的衣身正面向上平铺，将缝合后的下摆如图所示平铺在衣身上方。此时要从下摆最下方的平行四边形上剪下一个四边形（红色区域）。在平行四边形的短边上留出 10cm，作为衣身领口的延长线。衣身的腰部是 30cm，因此平行四边形与衣身腰部重合的直线是 30cm，注意这条线与平行四边行的长边不是平行的，而是有一定的角度。

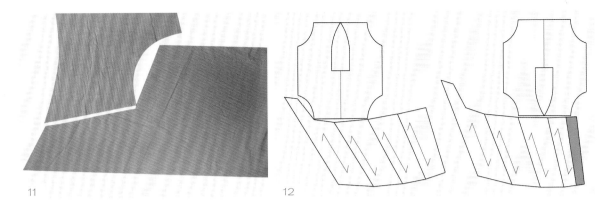

11 剪下红色区域后的状态,此时缝合图中衣身腰线和下摆相对的两边。

12 左图为下摆与衣身背面连接关系图,右图为下摆与衣身右前襟连接关系图,缝合衣身和下摆。此时,下摆比衣身多出一个四边形,剪掉红色部分。剪掉的尺寸不是固定的,原则上下摆多余的量小于前襟的宽度即可。在此图中,也就是小于30cm。

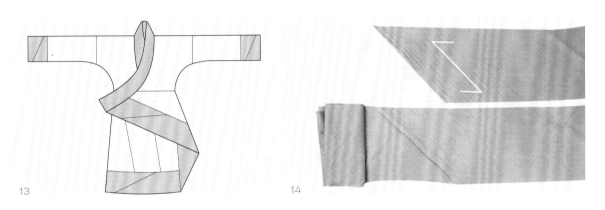

13 准备制作图中的绿色区域,即领口、袖口和下摆边缘。

14 准备2条20cm宽的斜条面料,经线方向的短边与长边呈45°角,用以制作服装的领口和下摆边缘。若斜条面料的长度不够,可以沿经线方向拼接。

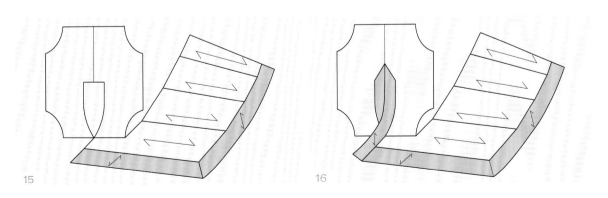

15 为方便示意,将下摆展开绘图(实际此时下摆与腰线已经缝合)。将2条斜条面料缝合在下摆边缘。

16 将一条斜条面料缝合在前襟上,作为领子。注意图中领子和下摆边缘的关系。

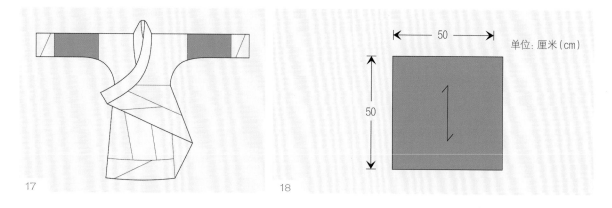

17

18

单位: 厘米 (cm)

50

50

17　准备裁剪接袖。

18　准备一块边长为50cm的正方形面料。

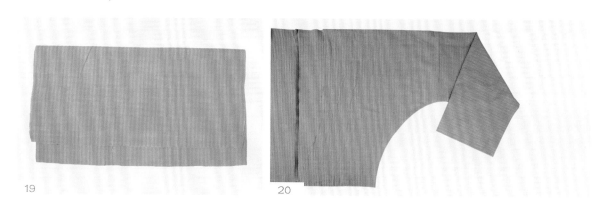

19

20

19　将面料沿纬线方向对折。

20　将接袖与衣身缝合。缝合后，根据腋下的弧度将接袖的弧度修圆滑。然后缝合接袖与衣身的侧缝。

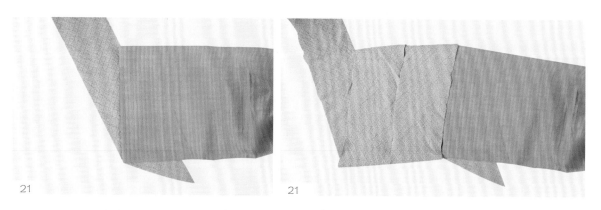

21

21

21　准备一条7cm宽的斜条面料，按照如图所示的方式绕在袖口上。

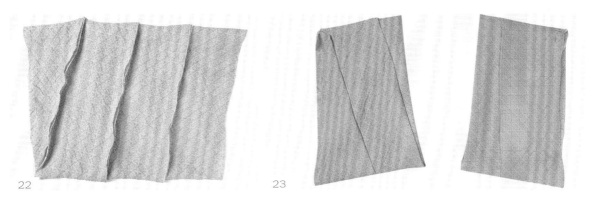

22

23

22 将斜条面料按所绕形状缝合，使之呈圆筒状。

23 将圆筒的一端往外翻，与另一端重合，形成一个双层的圆筒，缝份在内侧。一个袖口包边制作完成。用同样的方法制作另一个袖口包边。

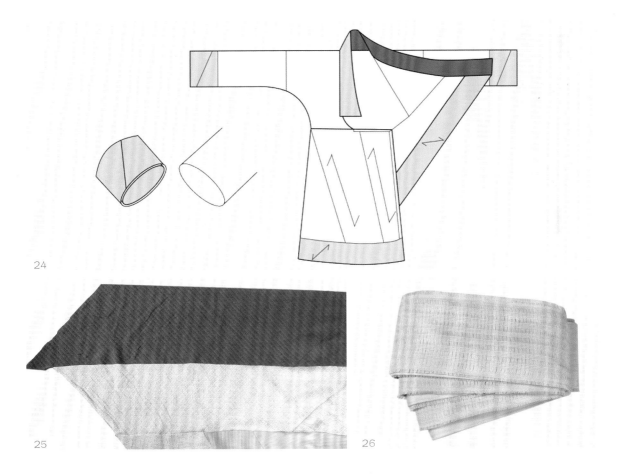

24

25

26

24 用外包缝（净沿边）的方法将袖口与接袖缝合。

25 准备一条 22cm 宽的暗红色斜条面料，将其与领子缝合。这样做是为了让领子翻下来时有颜色变化，也可以用同样颜色的面料制作。

26 制作腰带。这里制作腰带用的面料是夏布（一种手工编织的苎麻面料），也可以用皮带、布带或丝带等作腰带。

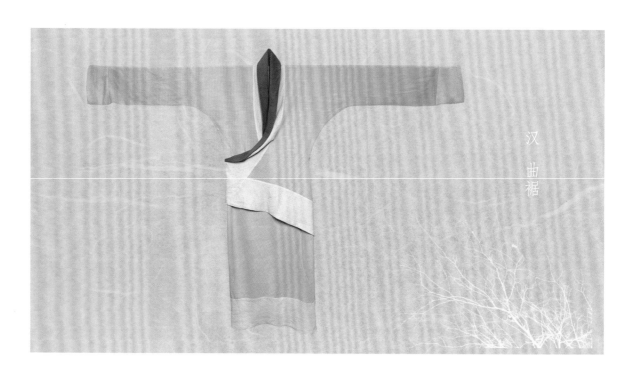

汉　曲裾

小提示

曲裾没有系带，穿着时只需要将腰带系紧即可。

● 常见汉代纹样参考图案 ●

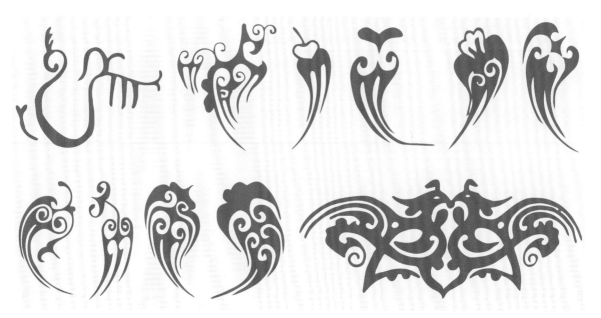

第三章

晋半袖裙襦套装制作案例

本章笔者会为大家讲解 4 种晋代服装的制作方法。

<table>
<tr><td rowspan="5">小知识</td></tr>
</table>

衫子：衫为内搭，无装饰，有腰襕，没有袖口边。

襦：有腰襕，不开衩，外穿，有装饰。腰襕可以异色，也可以同色。

半袖：穿在襦之外，袖口有褶皱，有装饰，可异色。

间色裙：裙为直角梯形裁片拼接而成，异色相连。

3.1 衫子

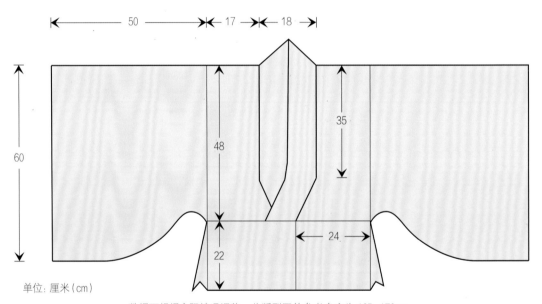

单位：厘米（cm）

数据可根据实际情况调整，此版型图的参考身高为 165~170cm。

面料：棉

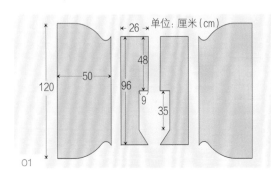

单位：厘米（cm）

01

01

01 按照版型图中的尺寸，在面料上画出衣身和接袖的形状。中间两块是衣身，两侧的两块是接袖。图中的数据为净尺寸，剪裁时每条边需留出1cm的缝份。衣身的裁片分两步制作，先剪下两块26cm×96cm的长方形面料，如图所示，然后剪下接袖。

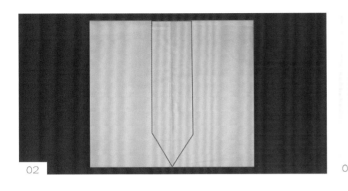

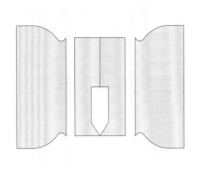

02 用来去缝手法缝合衣身后中缝。图为衣身裁片缝合后，沿肩线折叠的效果，沿着红色线条剪开领口。

03 将衣身和接袖缝合（图中缝合处用红线表示）。

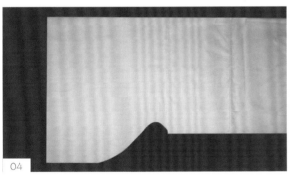

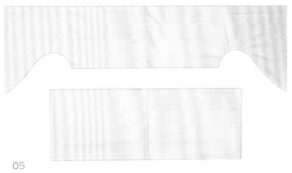

04 缝合袖子的下端（图中缝合处用红线表示），接着用卷边缝手法收起袖口的毛边。

05 准备两块22cm×70cm的长方形面料，用这两块面料制作腰襕（衣衫是由两部分组成的，与衣衫相接的像裙一样的部分即"腰襕"）。先缝合后中缝，然后包缝底摆和前襟。

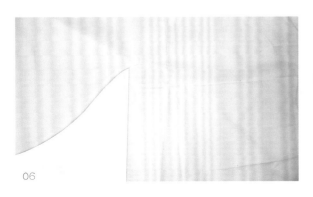

06 在侧缝处做一对工字褶。褶量至少为20cm，在准备面料时要将褶量计算进去。

小提示

如何计算工字褶的褶量？

　　褶量是指面料长度增加后的尺寸与原尺寸的差值。假设图中这对工字褶的褶量为4a，若要增加一对褶量为20cm的工字褶，则褶量20cm分为a、2a和a，即5cm、10cm和5cm，按图中的形态交叠于面料后方。

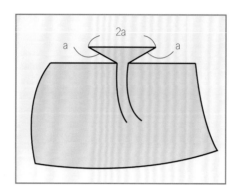

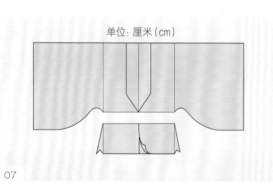

07

07 将衣身与腰襴缝合，即缝合图中所示的红线位置。

08

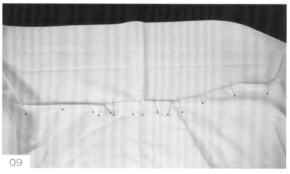

09

08 准备制作衣领用的面料。若衣领制作完成后宽为9cm，则需要准备宽度为9cm×2+2cm=20cm的面料，面料的长度与领口的长度相等。

09 准备缝合衣领与衣身，缝合前先用珠针固定。

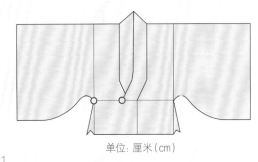

单位: 厘米(cm)

10 缝合领子。先将领子的缝份熨烫平整，并用珠针将缝合位置与衣身固定。缝合时注意，线迹要体现在衣身上，不要体现在领子上。

11 在图中所示的红圈处缝制一对系带，在衣襟上对应的位置再缝制一对系带。

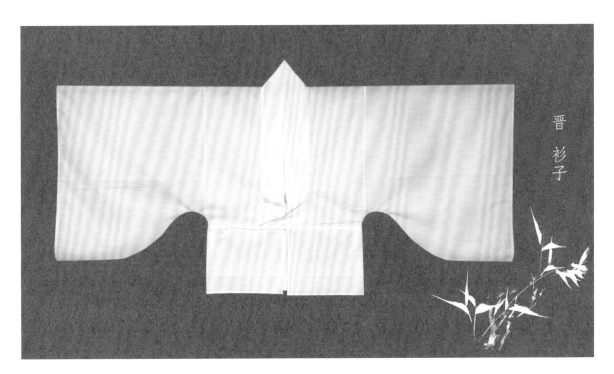

晋 衫子

小提示

衫子的面料根据襦的面料来选择。若襦是硬挺有型的面料，衫子也应选择相似效果的面料。

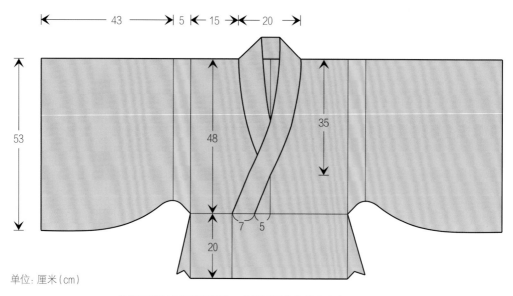

单位：厘米（cm）

数据可根据实际情况调整，此版型图的参考身高为 165~170cm。

面料：麻   工艺：印花

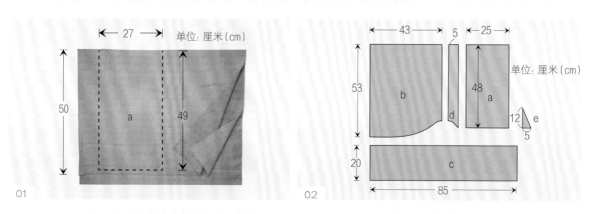

01

02

01 准备衣身的面料，将正面相对进行折叠。先沿经线方向对折，然后沿纬线方向折叠，折叠后面料的长度为一个衣长加 2cm 的缝份。折叠的位置要熨平并用珠针固定。裁片 a 为衣身，虚线为衣身的剪裁线。

02 用同样的方法折叠面料，准备剪下接袖（裁片 b）、腰襕（裁片 c），以及裁片 d 和裁片 e。图中的数据为净尺寸，剪裁时每条边需留出 1cm 的缝份。

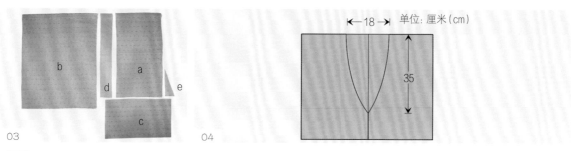

03

04

03 剪裁时，裁片 b 和裁片 d 可以先裁成长方形，在后面的步骤中再剪出弧度。图中的面料皆为双层。

04 用来去缝手法缝合后中缝，然后沿红线剪开领口。衣领缝合后领口宽为 20cm，开领口时左右各留 1cm 的缝份，所以实际领口宽为 18cm。后领口呈直线，与肩线在同一直线上；前襟呈弧线。领口与前襟起始处的切线呈直角，前襟弧度自然而平顺。

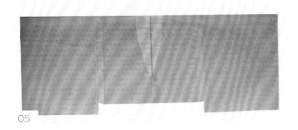
05

05 缝合接袖 b、裁片 d、裁片 e 和衣身 a。

小提示

遇到边做边剪的情况不要害怕，可以先少剪一些再慢慢修改。例如，裁剪袖子时，可以先裁得大一些，修形往小修；裁领口时，可以先裁得小一些，修形往大修。

06

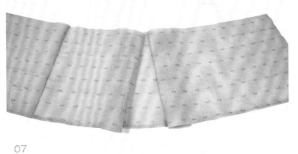
07

06 根据版型图画出接袖的形状，将接袖的边缘裁剪成弧形，然后缝合弧线位置。

07 缝合两片腰襕（裁片 c）。在侧缝的位置做一对工字褶，褶量为 20cm。

08

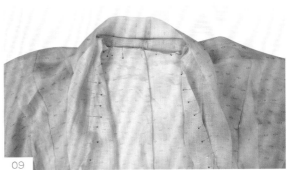
09

08 准备制作衣领。剪下一条宽 16cm 且与领口等长的长方形面料。沿中心线对折，并熨烫平整。

09 缝合前用珠针固定刚才裁剪下来的面料和领口。将衣领外侧与领口缝合，衣领内侧用手针缝合。

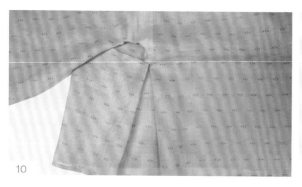

10 将衣身与腰襕缝合。注意襦的腰襕与衣领的关系，此处的做法与衫子不同。

11 准备 4 条宽为 2cm、长为 15cm 的直条面料，将其做成系带，然后缝到衣服上。襦系带的位置与衫子系带的位置相同，在衣领与腰襕的连接处。

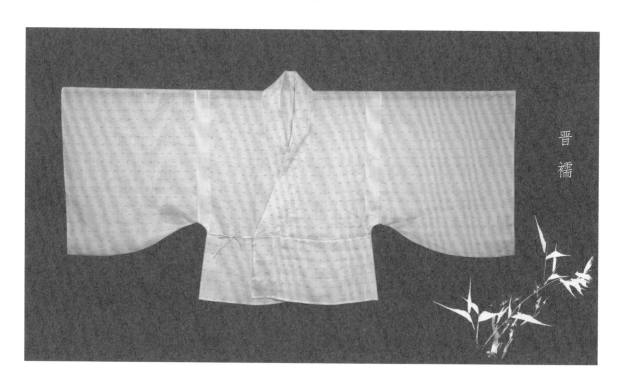

晋襦

如何对襦进行折叠收纳?

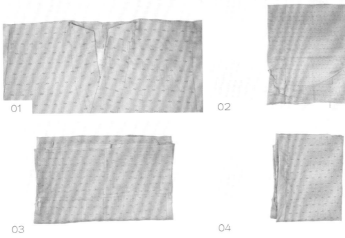

01

02

03

04

01 将前襟交叠,沿着衣领的中线向内折叠。
02 将接袖沿袖根处向内折叠。
03 将下摆向上对折。
04 沿着中线对折。

3.3 半袖

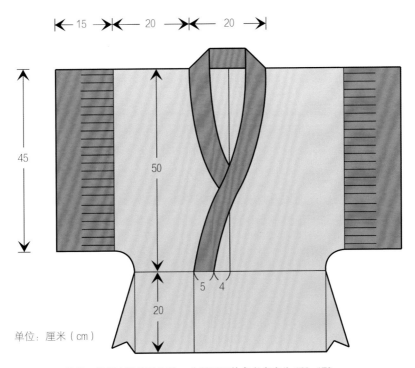

单位: 厘米(cm)

数据可根据实际情况调整,此版型图的参考身高为160~170cm。
半袖可以做成单层,也可以做成双层,此案例中的半袖是双层的。

衣身面料：棉　　　　　　　　　　　内衬面料：丝棉
边缘面料：丝棉　　　　　　　　　　面料工艺：染色（面料颜色定染）

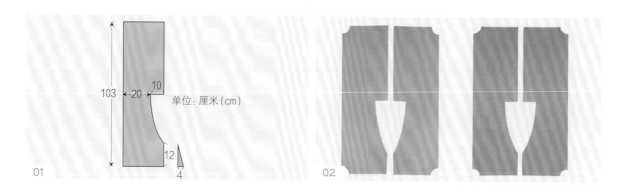

01

02

01 剪裁衣身。衣身的剪裁方式与衫、襦相同，先裁下一块长方形面料，然后剪开领口，尺寸如图。图中数据为实际尺寸，制作时注意加 1cm 的缝份。

02 剪裁衣身的里衬。图中左边是裁好的衣身面料，右边是裁好的衣身的里衬。里衬的数据与衣身相同。

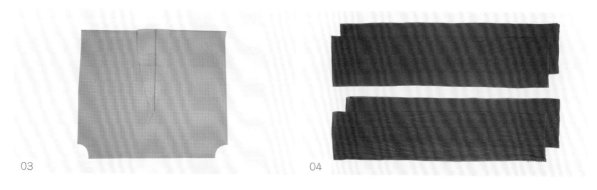

03

04

03 缝合衣身后中缝。

04 准备 4 条宽为 15cm、长为 2~3 倍袖口宽的长方形面料，将其制作成袖口褶边。此案例中，袖口的宽度是 90cm，所以要准备长度为 180~270cm 的面料。图中每一个长方形面料的长边均为 120cm，两个长方形首尾相接作为一个袖口的褶边。

05

06

05 将长方形首尾相接缝成一个圆环，然后在圆环有毛边的一侧使用包边缝手法缝合。

06 将圆环制作成均匀的褶子，夹在衣身袖口位置的面料与里衬之间，然后缝合这3层面料。

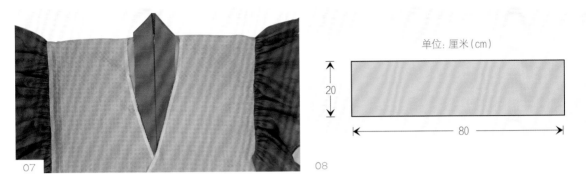

单位: 厘米(cm)

07

08

07 缝合衣领。缝合之前在前襟的弧线处粘一条宽1cm的直条嵌条，因为胸前领口的弧度会使面料拉伸变形。嵌条一般粘在面料背面，此处为了示意清晰，嵌条粘在了正面。

08 剪下两块长方形面料作为腰襕，缝合腰襕的后中缝。

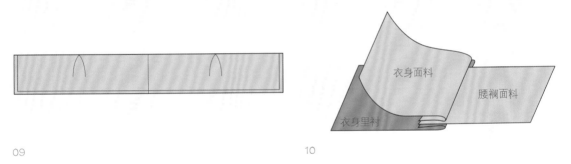

09

10

09 在腰襕的两侧制作一对工字褶，然后将红色线条标出的3条边用卷边缝手法收毛边。

10 此案例中的腰襕是单层的，将腰襕夹在衣身面料和里衬的中间缝合。最后缝上系带，半袖就制作完成了。

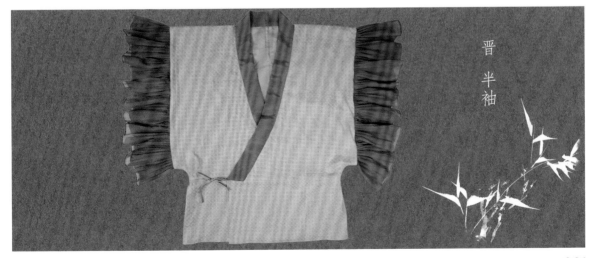

晋半袖

半袖是穿在最外层的上衣，因此袖口的宽度可以适当加大。

── 3.4 间色裙 ──

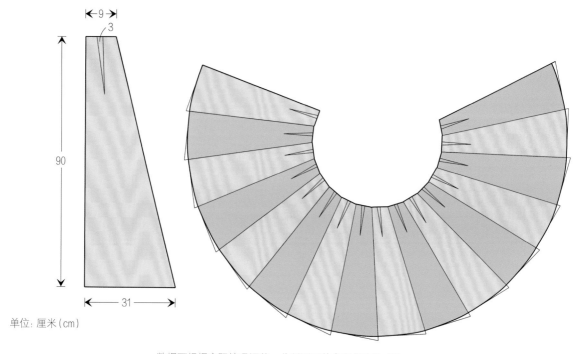

单位：厘米（cm）

数据可根据实际情况调整，此版型图的参考身高为165cm。

裙身面料：丝棉　　　　　　　　　裙腰面料：棉

裙带面料：麻　　　　　　　　　　面料工艺：染色（面料颜色定染）

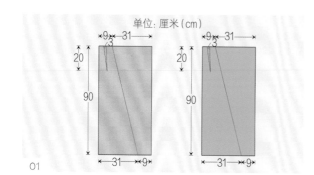

单位：厘米（cm)

01 将两种颜色的丝棉面料都剪成长90cm、宽40cm的长方形，然后将长方形按图中标注剪开，得到两个梯形。可根据穿着者的实际胸围尺寸准备相应数量的梯形面料。此案例中准备了8个黄色梯形和8个蓝色梯形。

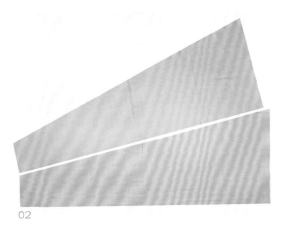

02

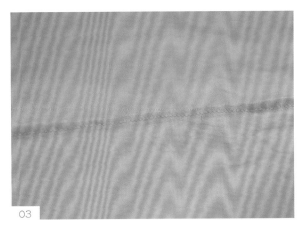

03

02 将黄色梯形的斜边与蓝色梯形的直角边相对，上底对齐。

03 将面料背面相对缝合，此时缝份和毛边向外。

04

05

04 将毛边翻折并缝合，此时从面料的正面看不到缝份。

05 用同样的方法将 8 个黄色梯形和 8 个蓝色梯形颜色相间地拼合在一起。在每个梯形中间做一条
省道，宽度为 3cm，长度为 20cm。

06

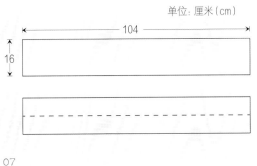

07

单位: 厘米 (cm)

104

16

06 修剪下摆的弧度。将相连的三角形底边修剪成弧形，然后用卷边缝手法收毛边。

07 剪下一条长为 104cm、宽为 16cm 的长方形面料，将此面料制作成裙腰。将面料沿着中线（图中
所示虚线）对折，并熨烫平整。

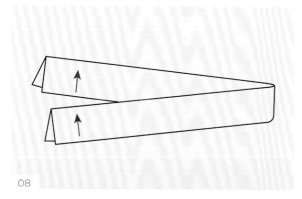

08 对折后的效果如图所示。

09 在长方形面料的两端各缝一个小圈（小圈相当于腰带袢，用于固定腰带）。裙腰的两面是相同的，哪一面都可以作为正面。

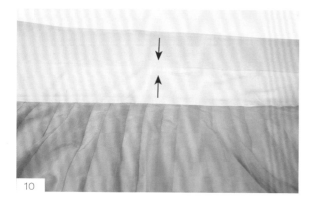

10 图中红色箭头所示为裙腰的正面，打开折叠的裙腰，将裙身与裙腰正面缝合。

11 在裙腰内侧缝一道直线。图中所示为裙子的背面。

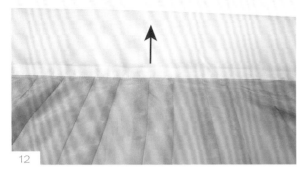

12

12 从正面看，上一步的缝纫线在裙身上。缝纫时要注意，应尽可能地贴近裙腰正面和裙身的拼合处缝制。最后系上腰带，间色裙就制作完成了。

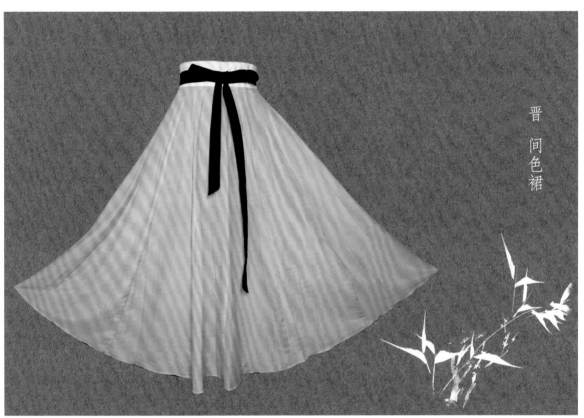

晋　间色裙

第四章　唐服装制作案例

这一节，笔者会为大家介绍唐代女子所着衫、裙、背子及帔子的制作方法。

小知识

圆领右衽衫：这款衫子的版型参考了正仓院藏的吴女袍的领型。

背子：背子穿在衫子外，是第 3 层衣物，分无袖背子和短袖背子。

交窬间色裙：裙为直角梯形裁片拼接而成，异色相连。

帔子：一般用纱、罗等较为轻薄的织物制成。

4.1.1 圆领右衽衫

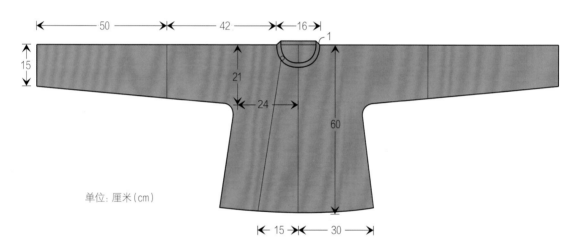

单位：厘米（cm）

此版型图的参考身高为 165~170cm，衣长和下摆宽可以依据个人喜好自行调整。衣身两侧可开衩
也可不开衩。袄的做法相同，要加里衬，可夹棉。

面料：化纤（亚光色丁）   面料工艺：数码印花

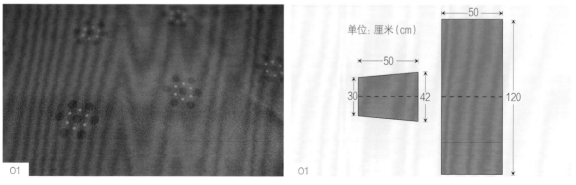

单位：厘米（cm）

01 准备面料。按照图中所示数据剪出两个长方形裁片和两个梯形裁片。长方形裁片用来制衣身，梯形裁片用来制接袖，虚线是中线。

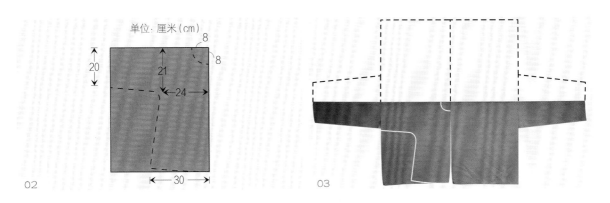

02 沿中线折叠，然后熨烫平整。接着在长方形裁片上画出衣身和领口的剪裁线。

03 画好剪裁线后，将两个长方形裁片叠放剪裁。面料部分为折叠拍摄，实际大小包含虚线部分。

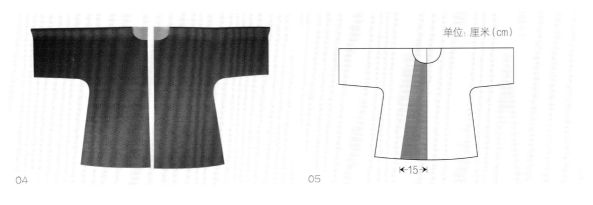

04 剪下衣身。

05 准备一块面料制作大襟。左右两个前襟都有大襟，大小相同。图中红色区域所示是右侧衣身的大襟。

06 将面料放在衣身的裁片上，摆成大小合适的梯形。图中是右侧衣身的裁片，盖在上面的面料将被制成左侧衣身的大襟。注意，经线方向应作为衣襟边缘。

07

07 剪下大襟。大襟边缘与底摆呈直角，衣身侧缝线与底摆也呈直角。

为何盖在右侧衣身裁片上的面料会被制成左侧衣身的大襟？

这样做的好处是，可以透过上层面料画出下层衣身面料的边线，更容易画出大襟的轮廓。也可以让大襟面料背面在上，正面与衣身面料的正面相对，这样做出的是同方向的大襟。

08

09

09

08 准备缝合后中线、前中线和接袖。先将面料背面对背面放好，然后用珠针固定要缝合之处。

09 用来去缝的方法缝合。在缝合容易脱线的面料时，为了不露出线头，需要用锁边缝代替平缝。将面料沿缝纫线翻折，用珠针固定，准备再次缝合。

10

11

10 缝合后熨烫缝份，注意接袖的接缝缝份向袖口方向倒伏。中缝倒伏方向不固定，依据个人喜好决定。

11 翻到面料的背面，用同样的方法缝合侧缝。侧缝向后片方向倒伏。

12

13

12 袖口向内熨烫出两条宽1cm的边，准备缝合袖口。

13 将袖口向内折叠，并用珠针固定，然后缝合袖口。

14

14 用同样的方法折叠大襟边缘与底摆，并用珠针固定，然后缝合。

小知识　制作领子前可以试穿一下，根据实际尺寸调整领口的大小，因此第一次挖领口时可以稍微挖小一些。

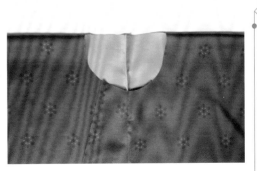

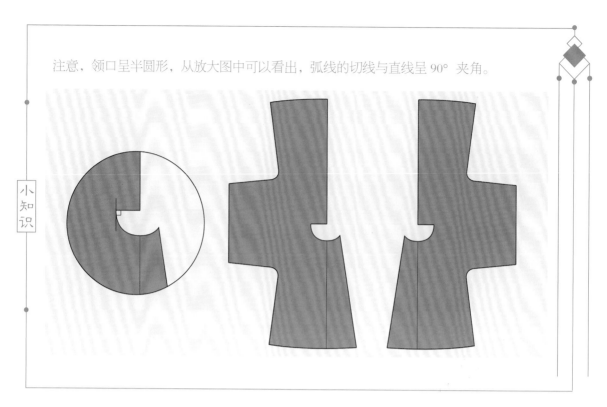

注意，领口呈半圆形，从放大图中可以看出，弧线的切线与直线呈 90° 夹角。

小知识

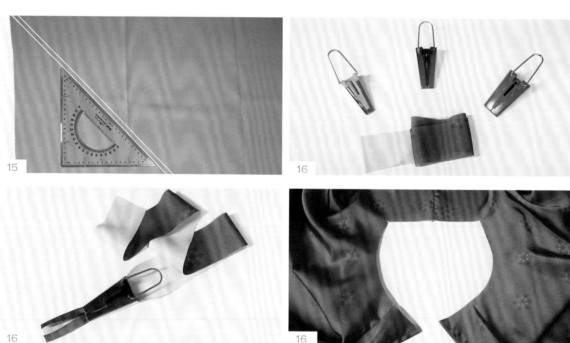

15　准备制作领子。在面料背面画出 2 条与面料边呈 45°角的平行的斜线，2 条斜线间的距离为 4cm。制作好的领子宽为 1cm，因此剪下的斜条宽为 4cm。

16　沿斜线将布料剪下，得到一根斜条面料。准备一个尺寸合适的包边器。用包边器将斜条面料处理成包边，然后熨烫平整。

17

17

17 领口的弧线和直线相交的地方要打剪口。剪口垂直于面料边缘切线方向，图中蓝色短线表示剪口位置，此处要剪开 2 个或 3 个长 5mm 的剪口。

在领口处打剪口的方法，适用于所有直角领口的制作。剪口的长度不宜超过 5mm。

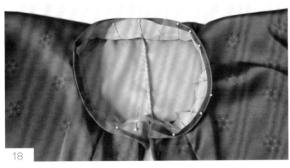

18

19

18 将包边正面与领口正面重叠，并用珠针固定。

19 用缝纫机缝合领口外侧。

打了剪口，缝合后拐角处是有一定弧度的。

小知识

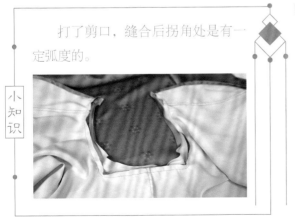

20

20 用手针缝合领口内侧。

21 下面开始制作包扣。准备一个布片和相应的扣子材料。

22 剪下3片直径为扣子直径的2.5倍的圆形布片。圆形布片不能剪太大，否则扣子包不紧，背盖也压不好。

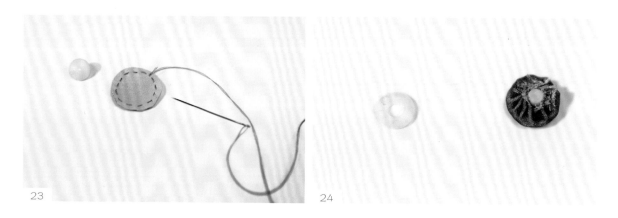

23 穿好针线，线的一端打结固定。从布片的正面入针，用平针缝手法缝一圈，每针之间的距离大概为3mm。缝到起始处后，最后一针从第一针处出针，形成首尾衔接的一个圈。

24 将蘑菇形的扣子放在缝好线的圆形面料中间，抽紧缝纫线的两头，圆形面料的边缘会收拢并包住蘑菇扣。

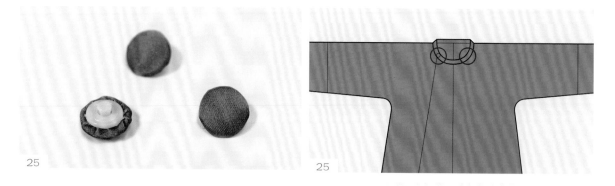

25 扣上底部的背盖，包扣就做好了。将包扣缝在衣服上，即图中红色圆圈所示位置。用细弹力线制作扣袢，包扣扣上以后基本看不出扣袢。

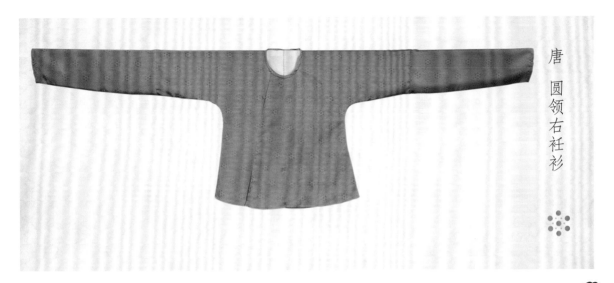

唐 圆领右衽衫

小提示

制作圆领右衽衫的领子时，采用的是 45° 斜裁。因为斜裁面料有弹力，所以缝纫时轻拉领条，领口缝合处会更平整。

4.1.2 背子

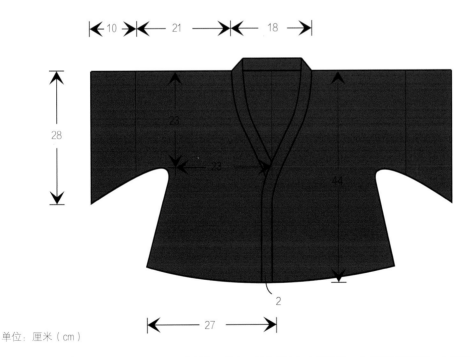

单位：厘米（cm）

此版型图的参考身高为 165~170cm，衣长和下摆宽可以依据喜好自行调整。衣身两侧可开衩，也可不开衩。袄的做法相同，要加里衬，可夹棉，可以穿在裙子内，也可穿在裙子外。

面料：真丝   面料工艺：染色、绣花

01

01 准备面料。将面料沿经线、纬线各对折一次。

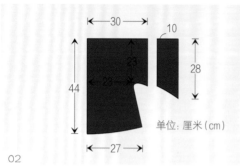

02

02

单位：厘米（cm）

02 按图中所示数据在面料上画出剪裁线，注意留出 1cm 的缝份。

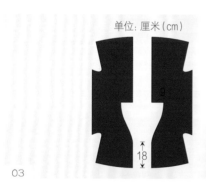

03

单位：厘米（cm）

04

03 剪下衣身和接袖。展开裁片，准备开领口。

04 缝合后中缝、接袖和侧缝。

05

06

05 剪下一条 6cm 宽的直条用来制作领子，沿中线对折。此案例中使用的面料带有绣花，为了美观，在领子拼接时注意两侧的花纹要对称。

06 将领子放到衣身领口处看看效果，准备缝领子。

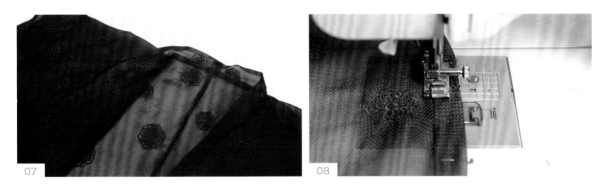

07 先缝合领子外侧与衣身外侧。

08 在领子的内侧毛边处烫出 1cm 的缝份，并用珠针固定。缝纫时，针应紧贴领子与衣身的连接处，这样可以不露出线迹。最后缝上系带。

唐背子

缝合领口的时候,将系带的一端缝进领子中,整体效果会更美观。

4.1.3 交窬间色裙

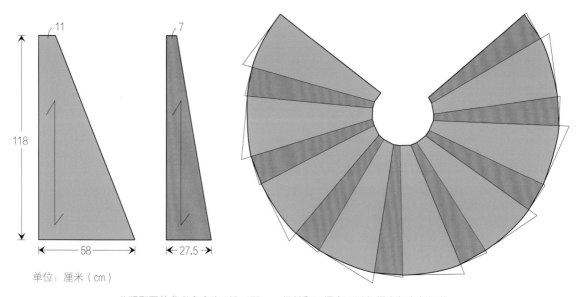

单位:厘米(cm)

此版型图的参考身高为165~170cm,裙长和下摆宽可以依据喜好自行调整。

裙身面料:丝棉   裙腰面料:化纤(亚光色丁)

腰带面料:化纤(亚光色丁)   面料工艺:裙身面料染色,裙腰面料数码印花

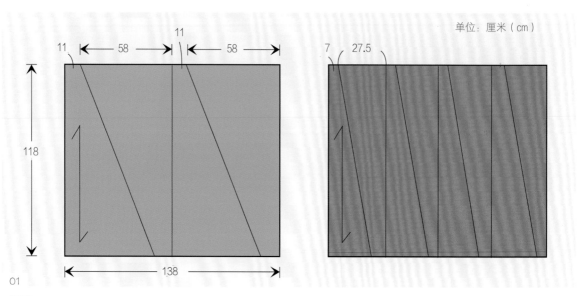

单位:厘米(cm)

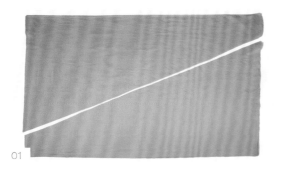

01

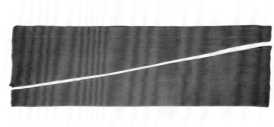

01

01 按图中所示数据剪裁出梯形裁片，橘红色和蓝色梯形裁片各 8 个。

02

03

02 使面料的反面对着反面，将蓝色梯形裁片的斜边与橘红色梯形裁片的直角边对齐。

03 重复步骤 02，将 16 个梯形交替拼缝。

04

05

04 再缝合一次，将毛边缝进缝份中。

05 将裙身下摆修剪成弧形。

06

06 将下摆包边缝合。

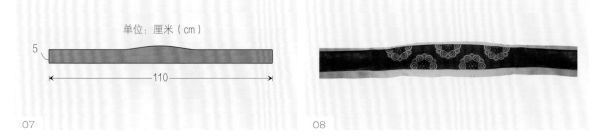

单位：厘米（cm）

5

110

07

08

07 准备制作裙腰。裙腰的长度是胸围的 1.2~1.5 倍，宽度是 5cm，在前胸处可以做一个弧度，也可以是一条直线。裙腰是双层的，因此要准备两个如图所示的裁片，露在外面的面料可以绣花，里衬用纯色的布料即可。

08 在裙腰的上下两边装饰上蓝色牙边，只适用于露在外面的裁片。牙边的宽度为 3cm，长度与裙腰的长度相同。

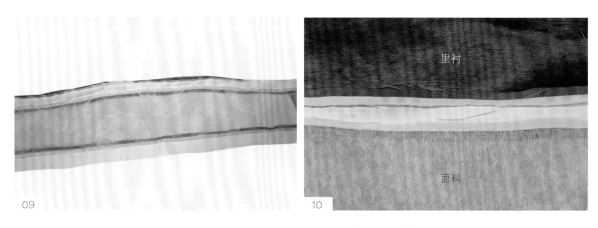

09

里衬

面料

10

09 在裙腰的面料背面加上粘衬并熨烫平整。这里的粘衬要选择较硬挺的纸衬。

10 将裙腰的里衬与面料上沿的蓝色牙边缝合。

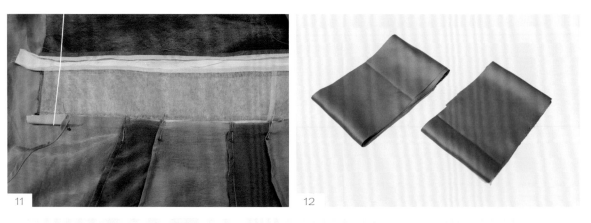

11

12

11 将裙腰面料的下沿与裙身缝合，两头各留出 1cm 的缝份，然后将多余的部分（白色标示线的左侧部分）剪掉。

12 制作系带。准备两块长为 150cm、宽为 8cm 的直条面料。

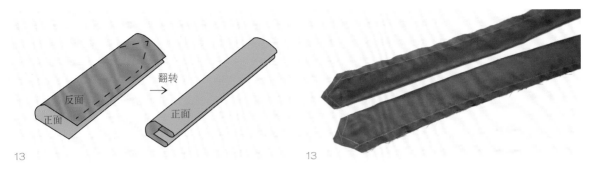

13

13

13 将直条面料正面相对对折，沿虚线缝合，一端封口，一端开口。（待缝合后翻转，正面即可在外。）

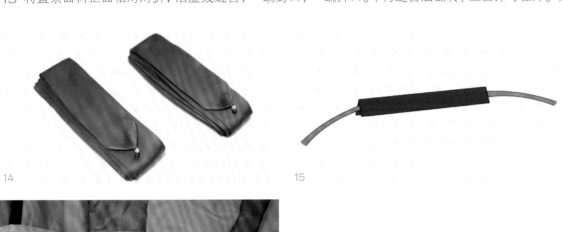

14

15

14 将系带翻转，并在系带末端装饰上彩珠。

15 将系带缝在腰带两端。腰带内侧用手针扦边。

15

唐 交窬间色裙

4.1.4 帔子

帔子可长可短，但做法是相同的。

长帔子的版型图：

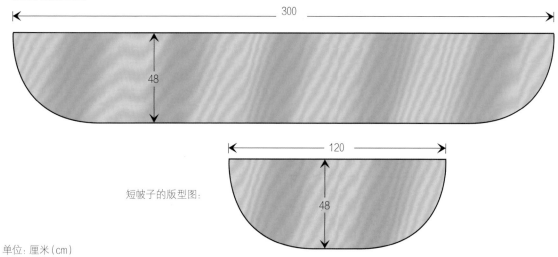

短帔子的版型图：

单位：厘米（cm）

根据图中所示数据剪下裁片，用包缝法包边。包边时，需确保帔子有弧度部分的折叠线与弧线的切线平行，否则会出现包边不平整的情况。也可以用手针扦边的方法包边，这样会使帔子更有质感。

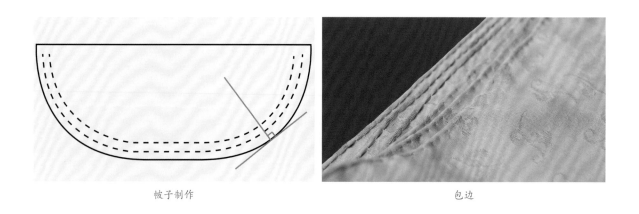

帔子制作　　　　　　　　　　　包边

这一节笔者将教大家直领对襟衫、大袖直领衫和交窬褶裙的制作
方法。

<table>
<tr><td rowspan="1">小知识</td><td>直领对襟衫：衫子有直领衫和圆领衫之别，直领衫的两襟在胸前垂直而下，即对襟，故可以称之为直领对襟衫。此款衫子两侧开衩。

大袖直领衫：通常作为最外层衣物，特点是宽身、大袖、低开衩。

交窬褶裙：裙子为直角梯形裁片拼接而成，裙腰处可以打死褶或者打平行褶。</td></tr>
</table>

4.2.1 直领对襟衫

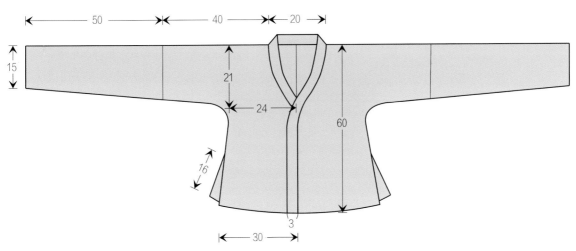

单位：厘米（cm）

此版型图的参考身高为165~170cm，衣长和下摆宽可以依据喜好自行调整。衣身两侧开衩。
袄的做法相同，要加里衬，可夹棉。

面料：化纤（亚光色丁）   面料工艺：数码印花

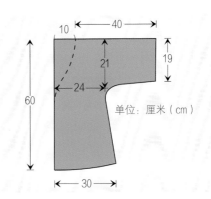

单位：厘米（cm）

01   02

01 准备面料。先按经线方向正面相对对折，然后按纬线方向对折。

02 按图中所示数据在面料上画出剪裁线，先沿着实线剪下衣身裁片。

03 沿着虚线裁剪出领口。注意，领口处只剪下表面的两层面料，打开后是一左一右对称的裁片。

03

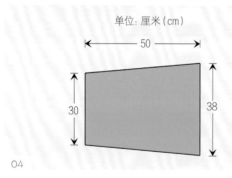

单位：厘米（cm）

50

30   38

04

04

04 按图中所示数据剪下两块等腰梯形面料，准备制作接袖。

05

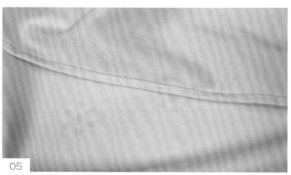

05

05 将面料熨烫平整，缝合后中缝和接袖。先背面对背面用包边缝手法缝合，然后正面对正面缝合。

06 底摆和侧缝开衩处向背面翻折两次，熨烫平整，然后用珠针固定。边缘宽度在1~2cm即可，开衩的位置在腰部。

06

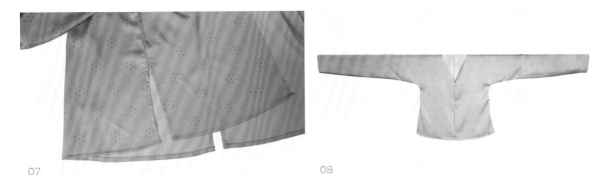

07 用包边缝手法缝合底摆和侧缝处，然后用来去缝手法缝合侧缝。

08 熨烫缝份。注意，袖子的接缝缝份向袖口方向倒伏，中缝的缝份倒伏方向不固定，侧缝向后倒伏。

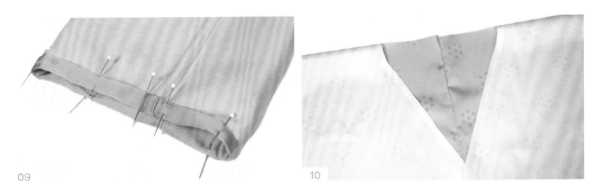

09 袖口向内翻折并熨烫出两条1cm宽的边，准备缝合袖口。

10 领口有一条斜线，在制作领子的时候容易变形。粘一条直条嵌条可以防止面料变形，将直条嵌条熨烫在面料背面。

单位：厘米（cm）

单位：厘米（cm）

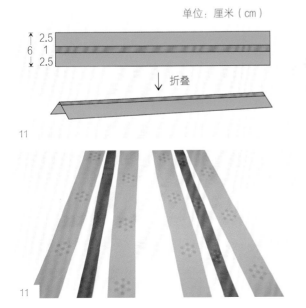

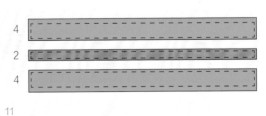

11 领子宽3cm，包含0.5cm的装饰边。领子是双层的，即将领子平铺时宽为6cm，所以蓝色直条宽为2.5cm，橘红色直条宽为1cm。蓝色直条与衣身相连需要留1cm的毛边，与橘红色直条相连需要留0.5cm的毛边，因此蓝色直条应宽为 4cm，橘红色直条两边皆与蓝色直条相连，各留 0.5cm 的毛边，因此宽为 2cm。图中数据为留出毛边后的数据，实线为剪裁线，虚线为缝合线。按照图中留出毛边的数据剪下两组直条面料，准备缝制领子。

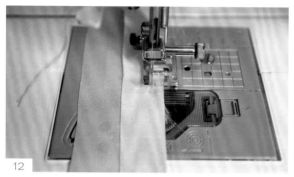

12 将蓝色直条与橘红色直条缝合，缝份为 0.5cm。

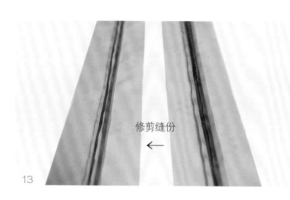

修剪缝份
←

13 将缝份从中间劈开熨平，修剪掉缝份有重合的地方，留 0.3cm 缝份即可。

14 将两条领子的一端相接，接缝缝份劈开熨平。

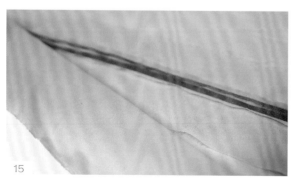
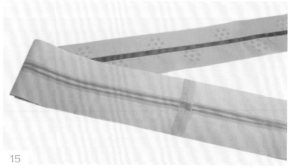

15 准备粘衬，推荐使用适合真丝类面料的薄粘衬。然后在领子背面熨烫一层粘衬，熨烫时要在粘衬与熨斗之间垫一块薄棉布。

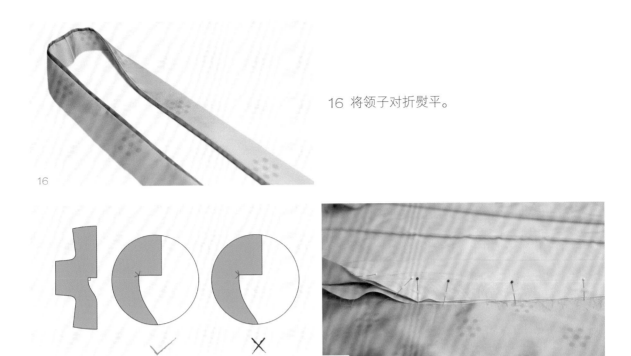

16 将领子对折熨平。

17 领口弧线的切线和直线相交呈直角。在这里要剪开 2 个或 3 个 5mm 长的剪口，剪口平均分布于直角处，如图所示。然后用珠针固定并缝合领子正面与衣身正面。

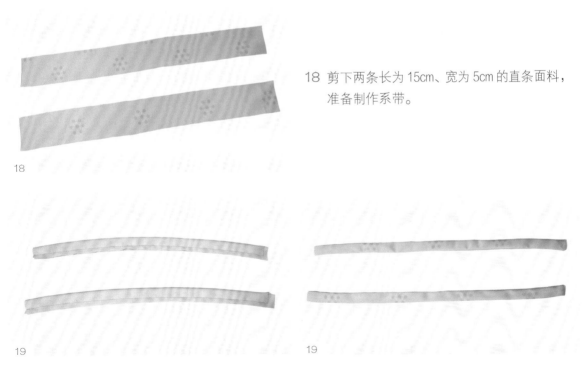

18 剪下两条长为 15cm、宽为 5cm 的直条面料，准备制作系带。

19 将面料制作成系带。先正面相对缝合，留一个开口，然后将正面翻过来，熨烫平整。

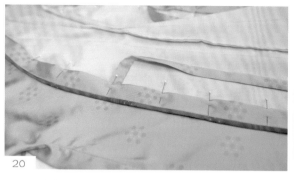
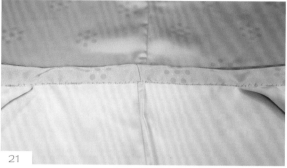

20 将系带夹在领子内侧与衣身之间。

21 用手针缝合领子内侧。

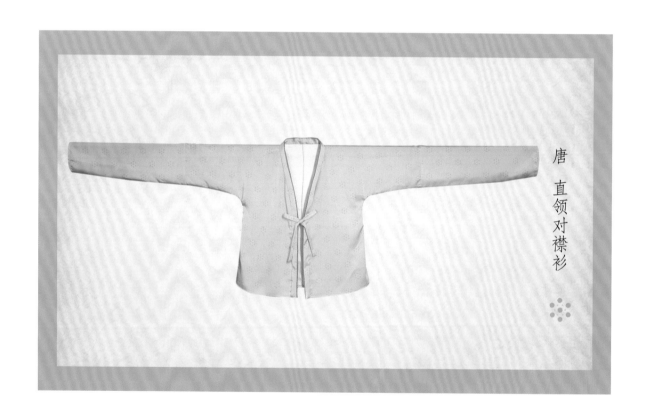

唐 直领对襟衫

如果担心领口变形,可以在领口上熨烫直丝粘衬。除了领口,其他斜丝的地方也可以用粘衬,如交窬裙的斜边。

小提示

4.2.2 大袖直领衫

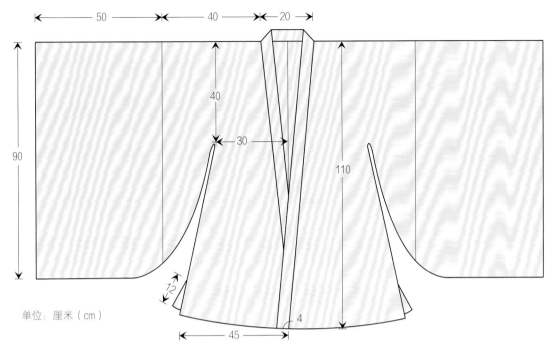

单位：厘米（cm）

数据可根据实际情况调整，此版型图的参考身高为 165~170cm。

面料：真丝　　　　　　　　　　面料工艺：染色、绣花

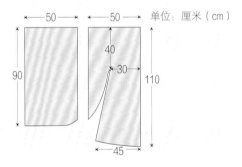

01

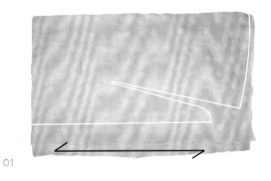

01

01　将面料正面相对，沿经线、纬线各对折一次，然后画出剪裁线。接袖缝合线处可以多剪一些，以便于后期修正。

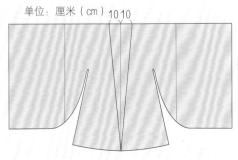

02

02

02 缝合后中缝与接袖。剪开领口，注意前襟和后领口交会处呈直角。

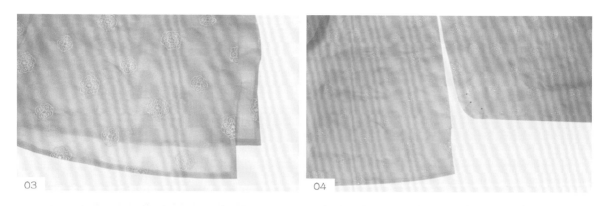

03 将侧开衩和底摆向内折叠两次然后缝合，注意侧开衩非常短。

04 用来去缝手法缝合侧缝。先正面向外，背面相对，用珠针固定并缝合，然后翻折缝合。

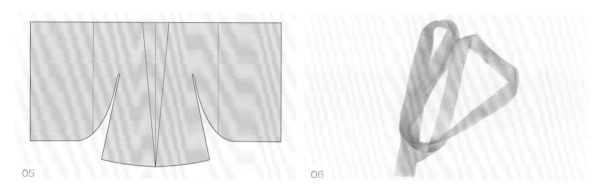

05 准备一条10cm宽的直条面料，直条面料的长度需与图中所示红线部分表示的实体面料的长度一致。

06 将直条面料对折并熨平，然后将其缝在衣领部位，缝纫方法与直领对襟衫上领子的方法相同。最后缝合袖口边。

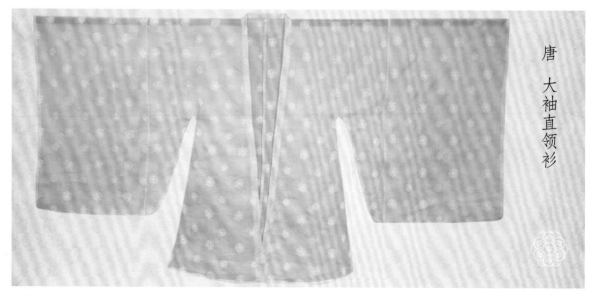

唐 大袖直领衫

4.2.3 交窬褶裙

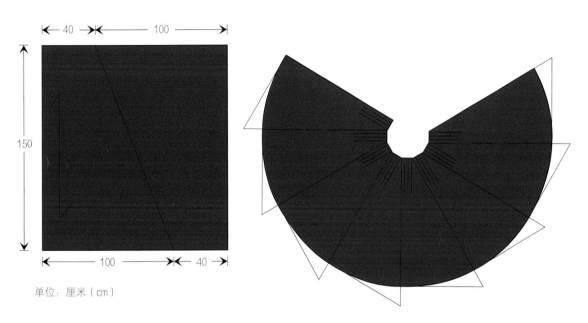

单位:厘米(cm)

此版型图的参考身高为 165~170cm,裙长和下摆宽可以依据喜好自行调整。

裙身面料:化纤　　　　　　　　裙腰面料:丝麻

腰带面料:化纤　　　　　　　　面料工艺:裙身面料数码印花,裙腰面料染色绣花

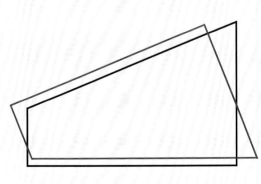

01

02

01 将一幅面料剪成两个梯形。两个梯形正面对正面放置，底层面料（黑线表示）的直角边与上层面料（红线表示）的斜边对齐。

02 将底层面料的直角边向上折叠一次，折叠量为1cm，然后熨平。将上层面料的斜边夹进直角边的折叠层里并用珠针固定。

03 将底层面料和上层面料缝合。

04 沿缝合线折叠一次，再次缝合。

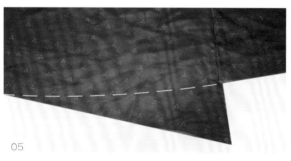

05 拼合完所有的梯形以后，将下摆修剪成弧形。

06 将底摆用包边缝的手法缝合。

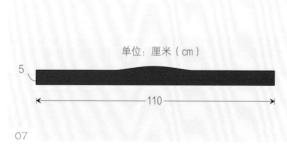

07 准备制作裙腰。裙腰沿经线方向长110cm，长度是胸围的1.3~1.5倍。裙腰的宽度可依照喜好调整。裙腰的形状可以是长方形的，也可以是中间宽两头窄的柳叶形的。此处讲解的是柳叶形裙腰的做法。按照图中所示数据剪下作为裙腰的面料和里衬。图中带有绣花的布料是面料，纯色布料是里衬。

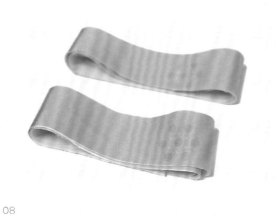
08

09

08 准备两条长度与裙腰相同，宽为 3cm 的直条面料。

09 将直条面料背面相对折叠，中间穿入粗棉绳，缝合。缝纫线应尽可能贴近棉绳。

10

11

10 将直条面料的毛边与裙腰面料背面下沿的毛边对齐并缝合。

11 将直条面料夹入面料和里衬之间，缝合裙腰上沿。

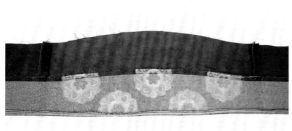
12

13

12 在有绣花的面料的背面熨烫粘衬。此处的粘衬应选择较硬挺的纸衬或树脂衬。

13 准备缝合裙身与裙腰。将裙身面料与裙腰面料正面相对，用珠针固定。注意，将裙身破缝处均匀地排布在裙腰面料上，如图所示。

14 打褶，注意把破缝藏在裙子的背面。

15 准备两条长为 230cm、宽为 10cm 的直条面料。

16 依照"4.1.3 交窬间色裙"中讲解的方法，将直条面料做成系带。

17 在系带两端缝上珠饰。

18 将系带与裙腰相连，然后缝合裙腰的两头。

19 将裙腰内侧用手扦边缝合固定。

唐 交窬褶裙

小提示

斜边与直边缝合时可采用直边折叠夹住斜边的缝法，使斜边尽可能不被拉伸，这样可有效防止斜边变形。

这一节笔者将为大家讲解唐缺胯袍的制作方法。

小知识

唐缺胯袍的腰放量极大，平铺宽度达到 84cm 左右，而普通人的腰围仅为 70~80cm，所以唐缺胯袍的腰围约为普通人的两倍。一般唐缺胯袍分为无接襕开衩的和接襕不开衩的两种。

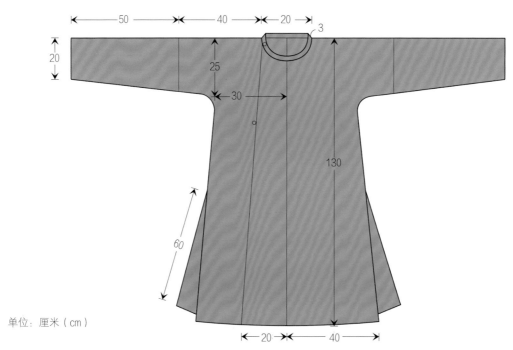

单位：厘米（cm）

此版型图的参考身高为 175cm，衣长和下摆宽可以依据喜好自行调整。

面料：真丝织锦缎提花　　　　　里衬：醋酸绸　　　　　工艺：提花

真丝织锦缎提花是真丝面料的一种，以缎纹和斜纹组织为主，花纹精致，绚丽多彩。

01

02

01 准备面料和里衬。

02 将面料沿经线方向与纬线方向各对折一次。

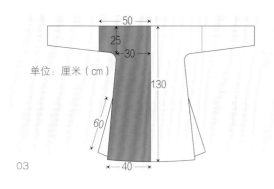

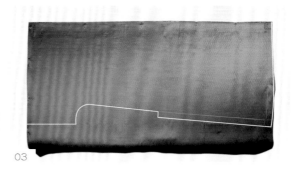

03 按照图中的数据在面料上画出剪裁线。图中数据为净尺寸，裁剪时注意每个缝纫边都要留出
1cm 的缝份，开衩部分和下摆留出 3cm 的缝份。

04 沿剪裁线裁剪面料。

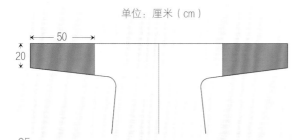

05 准备两块 50cm×50cm 的面料，沿纬线方向
对折，如图所示将其分别放在两侧的接袖位
置。在面料上画出接袖的剪裁线。画线时注
意，袖根处至袖口是一条直线。

06 按画出的剪裁线剪下接袖。

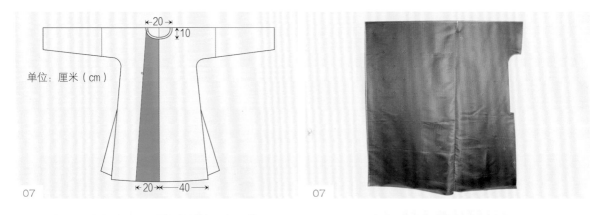

07 将剪下的衣身裁片正面向上放置。准备一幅面料，将其与右侧前襟缝合，作为大襟。大襟的宽度一般是前襟的一半。缝合时应注意对花，大襟的边缘与底摆呈直角。

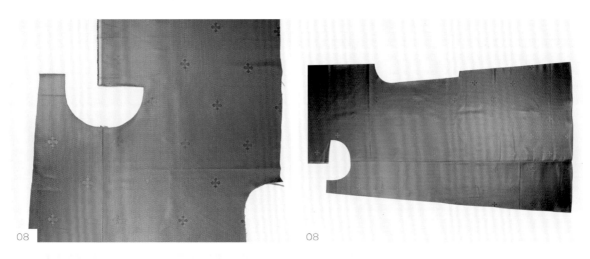

08 领口宽 20cm、深 10cm，后领口是一条直线。

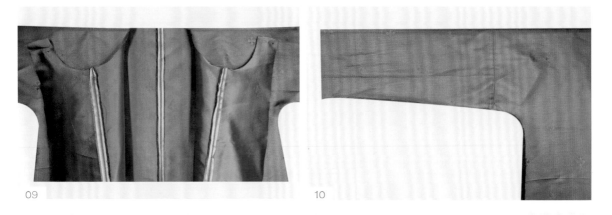

09 左侧的大襟用与右侧相同的方法制作。由于此款面料的幅宽很窄，可以看到前中线和后背中线都用布边拼缝，这样就不需要处理毛边。但是如果是不加里衬的衫子，最好使用来去缝或包边缝手法处理。

10 缝合接袖。

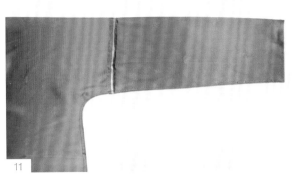 

11　缝合接袖的侧缝，并将衣身两侧缝至侧开衩处，然后给毛边包边。

12　制作里衬。里衬的制作方法与面料相同。

13　将前襟的面料和里衬缝合。缝合前，将里衬底摆剪掉 1～2cm，使面料比里衬长 1～2cm。

14　同样的方法，将里衬的袖口剪掉 1～2cm。将面料与里衬缝合后熨烫平整。

15　将面料与里衬的侧缝分别缝合。面料的毛边向内，里衬的毛边向外。

16　缝合面料和里衬。将面料和里衬的侧缝份向同一方向熨烫并缝合，一般向后片的方向熨烫侧缝份，
　　缝合腋下至开衩位置即可。

小提示

将面料和里衬的毛边缝合的方法来自传统旗袍面料与里衬的做法，笔者为其取名"神奇一翻"，意指四层面料缝在一起，翻到正面后毛边就藏在两层之间看不见了。

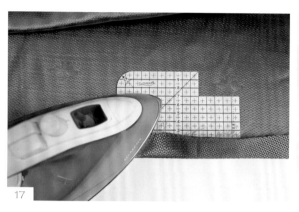

17

18

17 借助熨烫工具熨烫开衩部分和底摆。

18 将底摆与侧缝用珠针固定，准备扦边。

19 面料用手针扦边，里衬用缝纫机车直线。

19

小提示

下摆面料与里衬分开的做法也借鉴了旗袍的做法，这里也可将面料与里衬缝在一起。

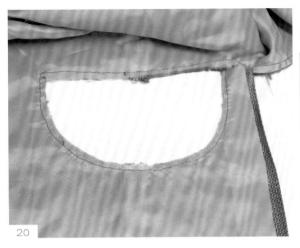

20

21

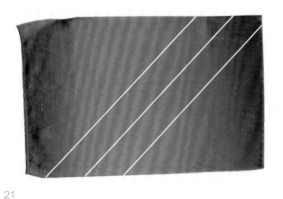

21

20 在领口距离边缘小于 1cm 处用倒针法手缝一道线，目的是防止面料拉伸变形。

21 准备制作领子。准备两条宽 8cm 的斜条面料，两条斜条面料的总长度与图中红线所示实物的长度一致。

22

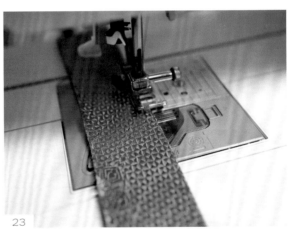

23

22 将两条斜条面料拼接，接缝要沿经线方向缝合。面料的正面向外，对折熨平。

23 在距斜条面料的折痕 2mm 处缉一道直线。

24 用外包缝（净沿边）的方法缝合领子，注意缝合时领子应适当拉伸。由于斜条有一定的弹力，所以缝合后领口会向中心倾斜。

25 准备一段细棉绳，用于固定圆领的领口。

26 将细棉绳穿入领口缝出的 2mm 通道内，调整好领口的形状，将绳子的两端打结。领口内侧先用珠针固定，然后缝合。

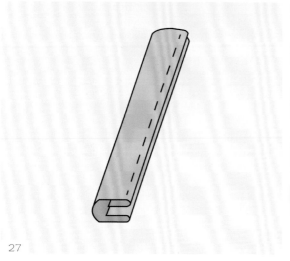 

27 制作 3 条直条扣袢，准备 3 颗球形扣。

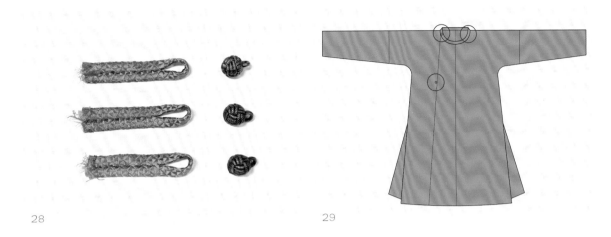

28   29

28 将直条扣袢留出一个扣子的长度，其余部分用藏针缝手法缝合，然后将扣子和扣袢缝到衣服上。

29 钉扣子的位置如图中的红圈所示，领口处有一对扣子是缝在内侧的。

本书中介绍的是用斜条法制作圆领。此外，还可以通过在面料上剪出圆形的方法制作圆领。

小提示

唐 缺胯袍

109

第五章

宋服装制作案例

这一节笔者将为大家讲解直领对襟衫和合裆裤的制作方法。

直领对襟衫：采用直领，两襟在胸前垂下，呈对襟之势。此款衫子穿于抹胸之外，长不过膝。（过膝的为长衫。）

合裆裤：此裤合裆，在裤腰处延长出两条系带，系带在身体侧面打结固定。此裤可以单穿，也可以作为裙子下的衬裤穿。

5.1.1 直领对襟衫

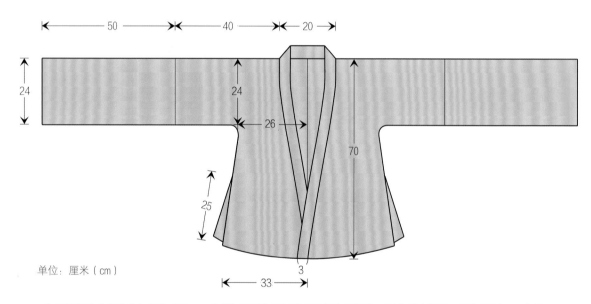

单位：厘米（cm）

此版型图的参考身高为165~170cm，衣长和下摆宽可以依据喜好自行调整。袄的做法相同，要加里衬，可夹棉。

面料：丝麻　　　　　　　　　　　　　　　面料工艺：染色

01　　　　　　　　　　　　　　　　　　01

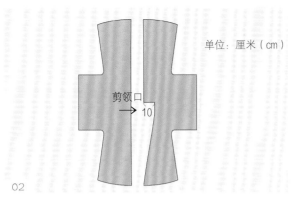

单位：厘米（cm）

剪领口
→ 10

02

01 将面料沿纬线对折，按图中所示数据画出剪裁线并裁剪衣身。

02 打开两片衣身裁片，正面相对叠在一起，然后剪出领口。

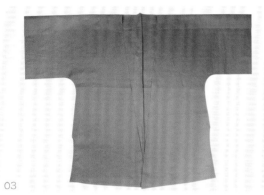

03

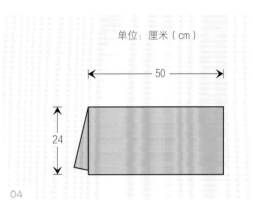

单位：厘米（cm）

50

24

04

03 缝合后中缝，下摆至开衩处包边缝合。

04 准备制作接袖。将面料先沿纬线方向折叠，然后按图中数据裁剪。

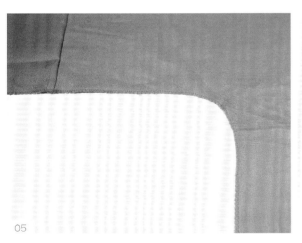

05

06

05 缝合接袖和衣身，然后缝合接袖侧缝和衣身两侧的侧缝。缝合腋下部分时，先将面料反面相对，用缝纫机包边，防止脱线或露出线头。

06 将袖口包边缝合。

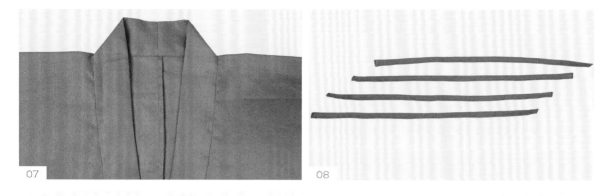

07 按照"4.2.1 直领对襟衫"案例中制作领子的方法，将两条宽为 8cm、长为 90cm（以实际领口长度为准）的直条面料制成领子并缝合到衣身上。

08 准备 4 条长为 30cm、宽为 4cm 的直条面料，将其制成系带。

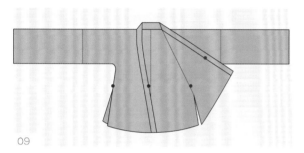

09 在图中红点所示位置缝上系带。

小知识　如果在缝合侧缝和领子时夹入系带，效果更佳。

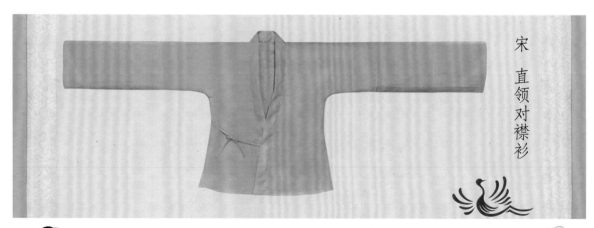

宋 直领对襟衫

穿直领对襟衫时既可以内搭抹胸，也可以在制作时加大前襟的放量，穿着时将其左右交叠。

小提示

5.1.2 合裆裤

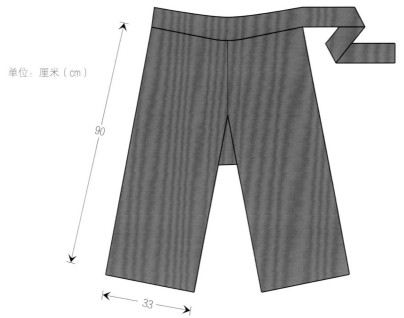

单位：厘米（cm）

90

33

数据可根据实际情况调整，此版型图的参考身高为165cm。

面料：丝麻　　　　　　　　　　　　　　面料工艺：染色

单位：厘米（cm）

90

33

01

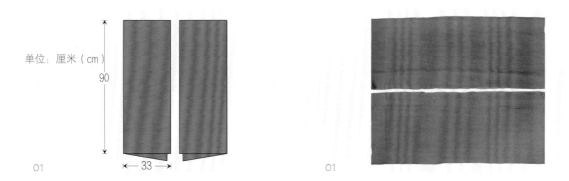

01

01 图中均为折叠的效果，折叠后开口在内侧。按图中所示数据裁剪两个长方形裤腿面料，侧缝相连，不裁开。

5　　　　5

25　　　　25

90

66

单位：厘米（cm）

02

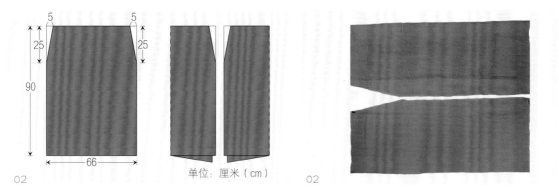

02

02 在两片开口处各剪下一块三角形面料。三角形面料的短边长 5cm，长边长 25cm。

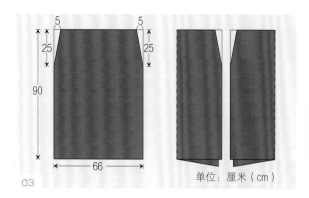

03 缝合剪出的斜边，形成裤子的前后中缝。

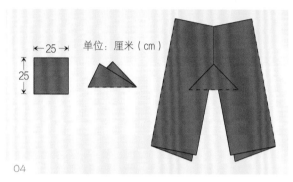
单位：厘米（cm）

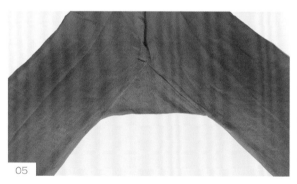

04 剪下一块边长为 25cm 的正方形面料，准备缝在图中所示的位置。

05 将正方形面料缝在裤子的裆部，然后缝合裤腿。

单位：厘米（cm）

06 剪下一条经线方向长为 250cm、宽为 12cm 的直条面料。沿图中所示虚线对折熨平，制作系带，制作方法同 "1.2.12 腰带 / 发带的制作方法"。

小知识

此案例中的裤腰和系带是一体的，实际应用中也可以单独加系带。

单位：厘米（cm）

07

08

09

07 沿图中所示剪裁线（虚线），在裤腿一侧剪一条长20cm的开口，用卷边缝手法收毛边。

08 将系带与裤子腰部缝合，在裤子未剪开一侧的侧缝处制作一对工字褶，工字褶与系带中点对齐。

09 系带两端在裤腰开口处形成两根独立的带子。

既可下身穿合裆裤，上身搭配抹胸和衫子，也可穿合裆裤外搭裙子。

小提示

宋 合裆裤

这一节笔者会教大家褙子、两片裙和抹胸的制作方法，难度相对较大。

> **小知识**
>
> 褙子：礼服，穿于衫袄之外，长至脚踝附近。
>
> 两片裙：裙身由上下两个裙片组成，每个裙片均由两个小裙片拼接而成，裙片相压，多数是右压左，共用裙腰，下摆相离。
>
> 抹胸：一般为一片式，穿着时需用系带在后背上交叉固定。

5.2.1 褙子

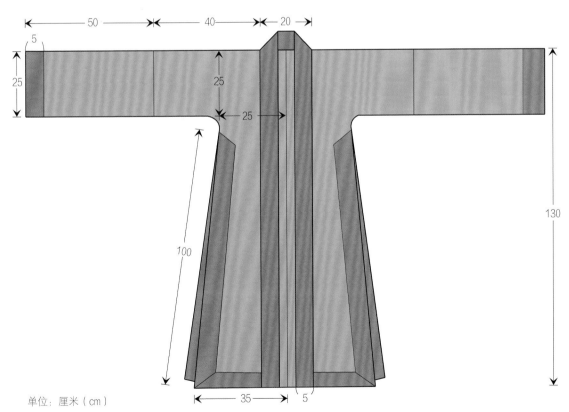

单位：厘米（cm）

数据可根据实际情况调整，此版型图的参考身高为 165~170cm。

面料：麻　　　　　　　　　　　　　　　　工艺：染色

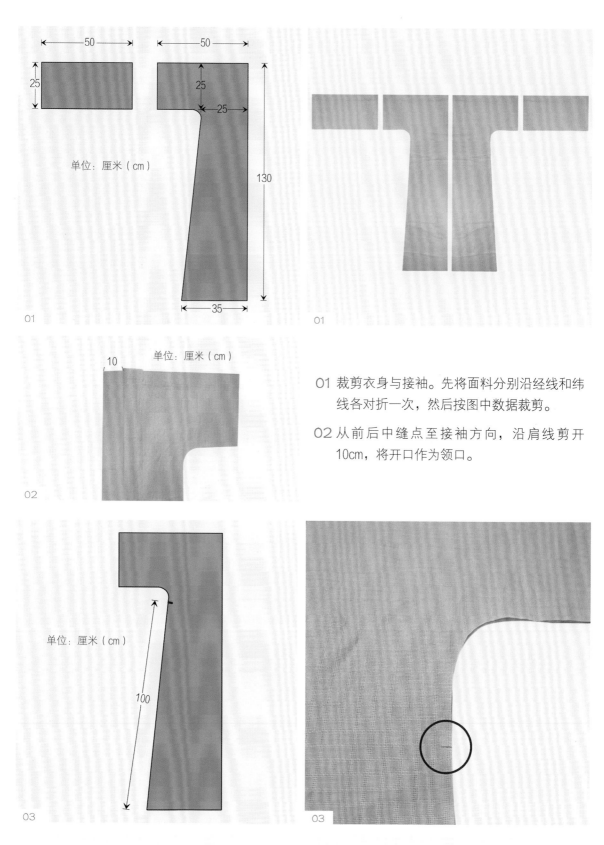

单位：厘米（cm）

01

单位：厘米（cm）

01

02

单位：厘米（cm）

03

03

01 裁剪衣身与接袖。先将面料分别沿经线和纬线各对折一次，然后按图中数据裁剪。

02 从前后中缝点至接袖方向，沿肩线剪开10cm，将开口作为领口。

03 在腋下距底摆100cm处剪一个0.8cm长的剪口（图中红圈处所示），标记出开衩处。

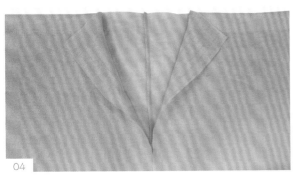

04

05

04 缝合后中缝。

05 缝合接袖与衣身，然后缝合衣身与接袖的侧缝。

06

07

06 准备一条与袖口等长、宽度为 7cm 的直条面料，将其制成袖口贴边。缝合直条面料的两端，做
成圆环状，缝在袖口处。如果贴边面料过于柔软，可以用粘衬。

07 将袖口贴边的正面与袖子的背面相对缝合，注意接缝要对齐。

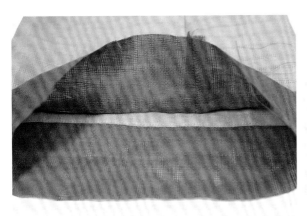

08

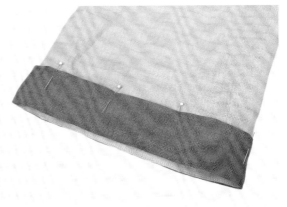

09

08 在袖口贴边的开口处熨烫出 1cm 的缝份。

09 将袖口贴边向接袖方向翻折，并用珠针固定。

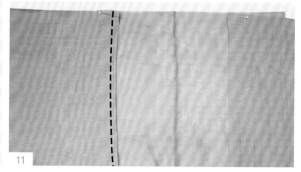

10 缝合袖口贴边与接袖。

11 准备制作领子。宋褙子的领子分两层制作。将衣身前襟的一部分作为领子外层的一部分。将前襟向两侧打开，在距离折痕 5mm 处（图中用黑色虚线表示）缝一道直线。

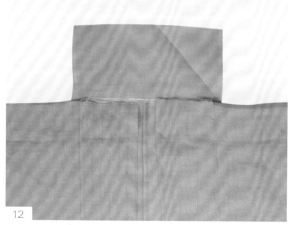

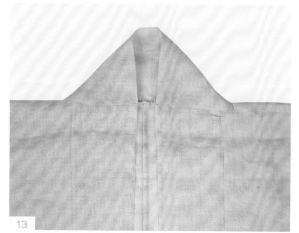

12 准备一块长 14cm、宽 7cm 的长方形面料。

13 将长方形面料的长边与后领口相连，短边与前襟相连，毛边朝向内侧。将长方形面料与领口缝合，领子的外层制作完成。

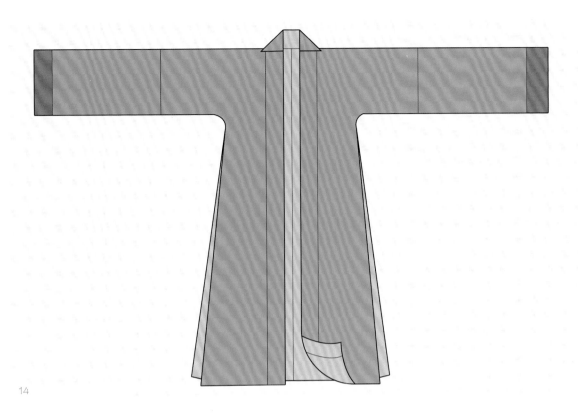

14

14 准备制作领子的内层。先观察此时的效果图,灰色部分代表面料背面,领子部分是单层的,需要制作内层。

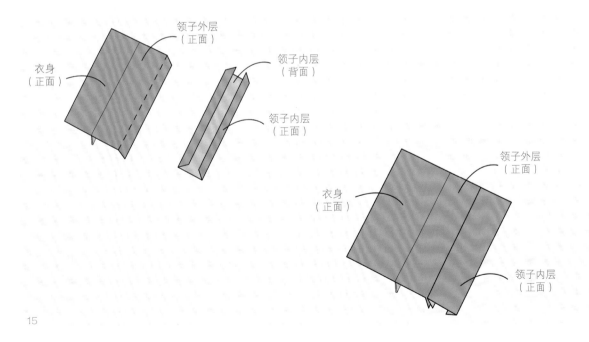

15

15 准备一条与领子外层尺寸相同的长方形面料,作为领子内层。先将领子内外层的毛边熨烫出1cm的缝份,然后将领子外层边缘与内层边缘缝合。

16 将领子内层的毛边盖住外层的缝份，缝合。

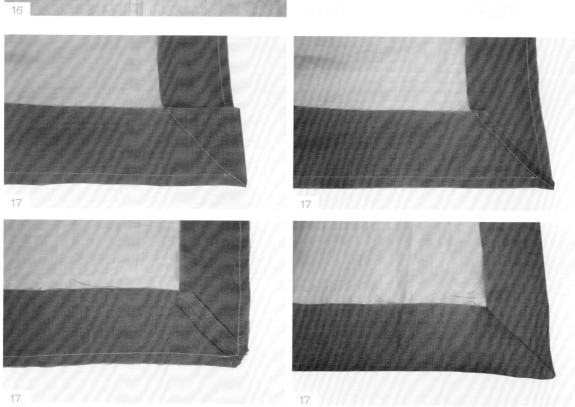

17 准备 4 条长 140cm、宽 7cm 的直条面料，作为下摆贴边。将下摆贴边像缝合袖口贴边一样与下摆缝合。注意按图中所示将下摆的转角处理完美。

装饰褙子的方法除了拼异色边，还可以在领子上绣花、彩绘或用专用的染料印章印花。

小提示

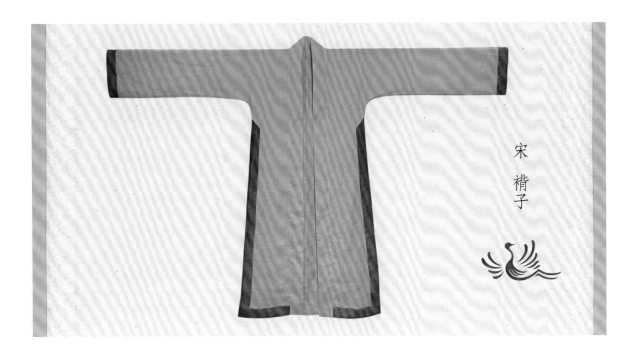

宋 褙子

5.2.2 两片裙

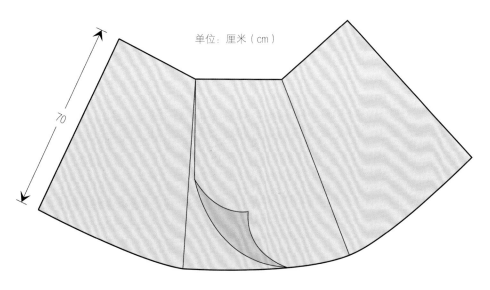

单位：厘米（cm）

70

两片裙是由两个裙片组成，共用一个裙腰而不相连的结构。组成裙片的小裙片可以是长方形的，也可以是梯形的。此案例讲解的是梯形小裙片制作两片裙的方法。数据可根据实际情况调整，此版型图的参考身高为 165~170cm。

裙身面料：化纤　　　　　　　裙腰面料：棉　　　　　　　工艺：提花

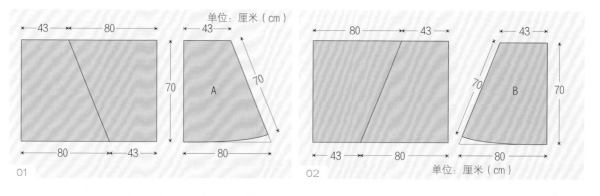

单位：厘米（cm）

43　80　43　80　43　43

70　A　70　B　70

80　43　80　80　43　80

01　　　　　　　　　　　　　　02　　　　　　　　　单位：厘米（cm）

01 按图中所示数据裁剪两块直角梯形面料，修圆底边，编号为 A。

02 再按图中所示数据裁剪两块直角梯形面料。注意，此时梯形面料斜边的方向与步骤 1 的不同，编号为 B。

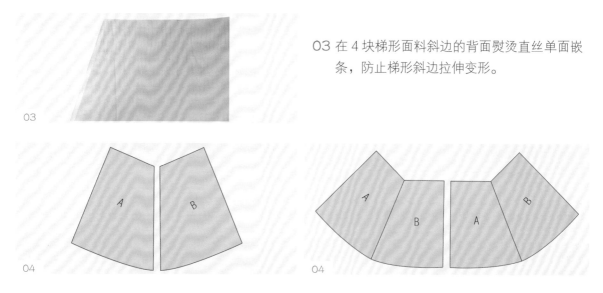

03

03 在 4 块梯形面料斜边的背面熨烫直丝单面嵌条，防止梯形斜边拉伸变形。

04

04

04 将 A 和 B 的斜边缝合，得到两个斜边相连的裙片。

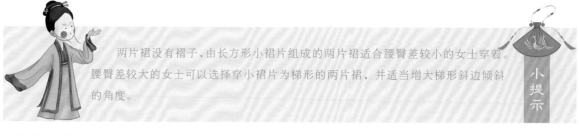

两片裙没有褶子，由长方形小裙片组成的两片裙适合腰臀差较小的女士穿着。腰臀差较大的女士可以选择穿小裙片为梯形的两片裙，并适当增大梯形斜边倾斜的角度。

小提示

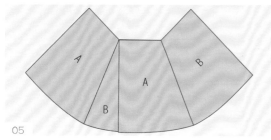

05

05 将右边的 A 压在左边的 B 上。用与"3.4 间色裙"的裙腰制作方法一样制作裙腰，将裙腰与裙片缝合。

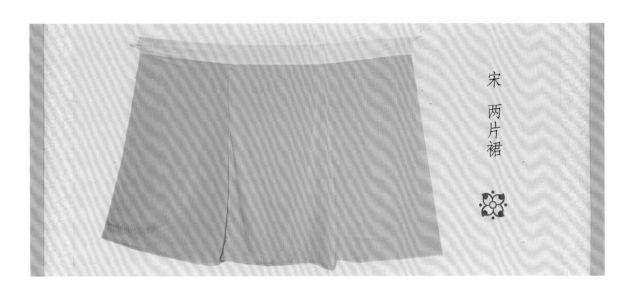

宋
两
片
裙

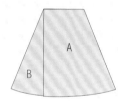

观察两片裙的穿着效果，正面看是一条 A 字裙。两片裙中小裙片的剪裁数据可根据穿着者的腰围和臀围进行调整。

小提示

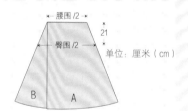

5.2.3 抹胸

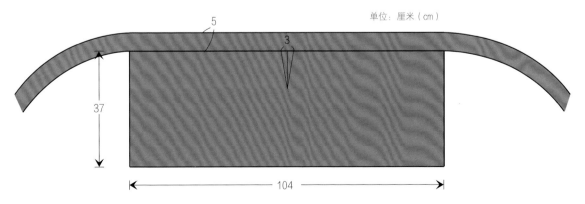

此版型图的参考身高为 165cm，衣长和下摆宽可以依据喜好自行调整。

面料：丝麻   面料工艺：染色

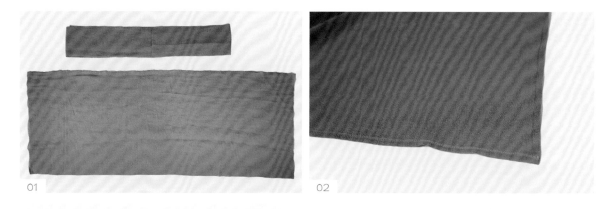

01　裁剪一块长方形面料，长度是胸围的 2 倍，宽度为 37cm。再裁剪一块宽为 12cm、长度为胸围 4 倍的面料。将第二块面料制作成系带，方法同"1.2.12 腰带 / 发带的制作方法"。

02　将第一块长方形面料包边，只在一侧长边留毛边。

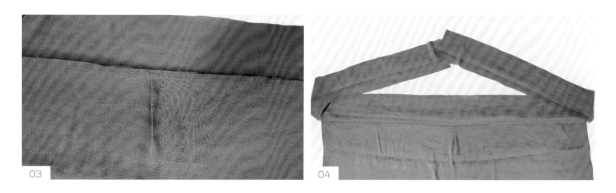

03　在留有毛边的中点做一个 1.5cm 宽的省道。

04　将系带与衣身留有毛边的一侧缝合。缝合时，省道的位置与系带的中点对齐。

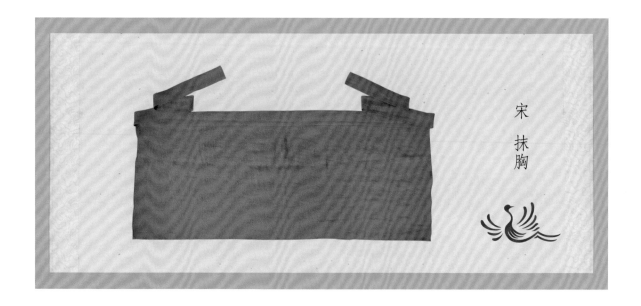

宋
抹
胸

面料可以用印章花纹进行装饰。

●——常见宋代纹样参考图案——

第六章

明袄裙套装制作案例

本章会教大家交领长袄和马面裙的制作方法。

小知识

交领长袄：有里衬，长度过膝盖，通裁开衩。

马面裙：马面裙为两片裙身分离、裙头共腰的结构。

6.1 交领长袄

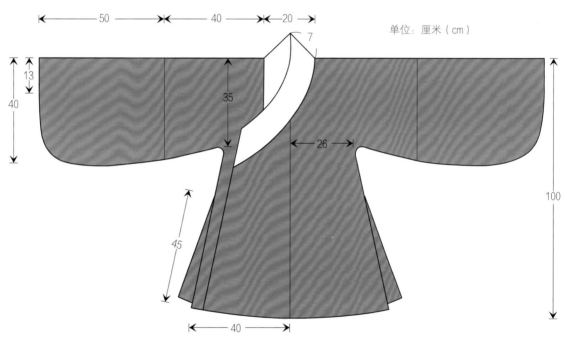

单位：厘米（cm）

此版型图的参考身高为166cm，衣长和下摆宽可以依据喜好自行调整。此案例衣长过膝，摆量不宜过小。

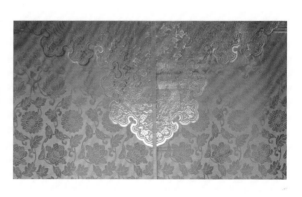

面料：织金定位花面料（由汉客丝路提供）

里衬：豆沙色丝棉

工艺：织金提花

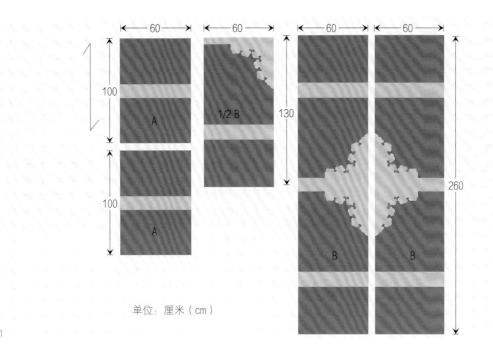

单位：厘米（cm）

01

01 图中 A 代表接袖面料，B 代表衣身面料。纬线方向 60cm 是面料幅宽，经线方向 260cm 是一个定位花长度，也就是 260cm 为一个花样的循环。定位花长度是在织造面料时设计出来的，并不是固定的。在购买面料时要确认需要几个定位花长度，而不是面料的长度。

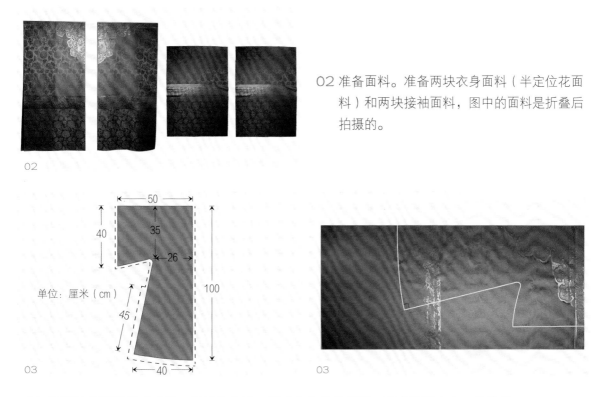

02

02 准备面料。准备两块衣身面料（半定位花面料）和两块接袖面料，图中的面料是折叠后拍摄的。

03

03

03 将面料的正面相对对折，折线为肩线。画出衣身的剪裁线，注意要留出 1cm 的缝份。

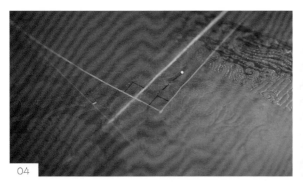

04

04 衣服下摆有一定的弧度，其切线与侧缝成直角。侧缝和下摆各留 3cm 的缝份，用于连接里衬，因此面料要比成品衣服长 3cm。一般里衬比外层面料短 2cm。

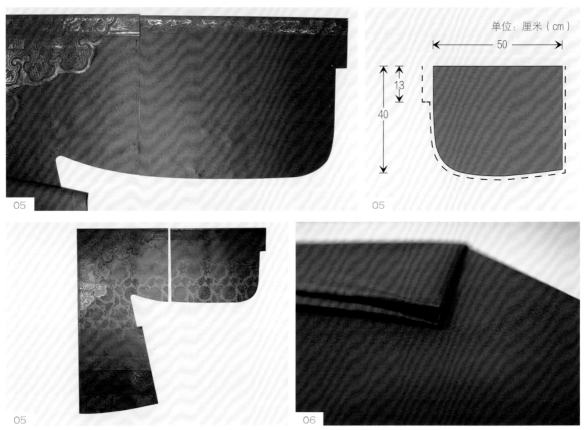

05

单位：厘米（cm）

50

13

40

05

05

06

05 剪下衣身与接袖。袖口多留出 3cm 的缝份，用于连接里衬。

06 准备里衬。

小知识

要选择与外层面料相近颜色的里衬。丝棉贴身穿更舒服，也可以选择电力纺类的光滑面料，一般外套类服装多用光滑的里衬。

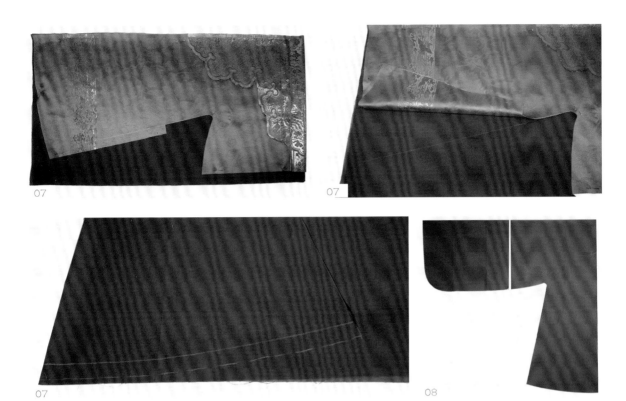

07 将裁好的衣身裁片放在里衬上，沿衣身裁片画线。里衬侧缝不需要多留 3cm 缝份。里衬的下摆也不需要多留 3cm 缝份。虚线为面料的剪裁线，实线为里衬的剪裁线。

08 用与衣身里衬裁片相同的方法剪下里衬的接袖，袖口不需要多留缝份。

09 缝合衣身的后中缝，注意拼接时对齐花纹。

10 准备一块长 130cm、宽 60cm 的半边定位花面料。将半边定位花面料与左侧前襟缝合，作为大襟，注意对齐花纹。

右领口形状　　　左领口形状

11　缝合里衬的背部中缝，然后分别剪开里衬和面料的领口。后领口与肩线在一条直线上。如图所示，右领口上端与后领口是垂直的，下端与腋下袖根处在同一高度，与前襟垂直。左领口是一条弧线，起始处的切线与后领口垂直。

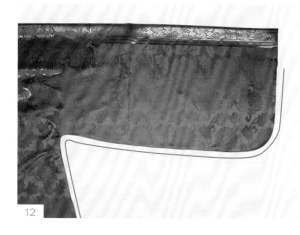

12　缝合面料的衣身和接袖，再缝合里衬的衣身和接袖。分别将面料和里衬接袖的侧缝和衣身的侧缝缝合，即图中橘色线所示。

13　将面料两侧的开衩与下摆的缝份熨烫平整。

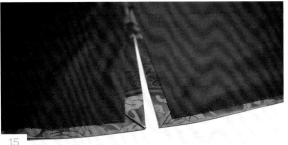

14 将里衬两侧的开衩与下摆熨烫平整。

15 将下摆和袖口处的里衬与面料缝合，然后将开衩处的里衬与面料缝合。

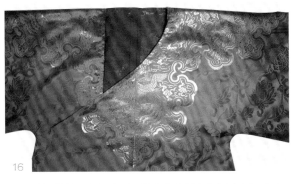

16 在领口处缉一道小于 1cm 的缝线，用于固定领口处的面料和里衬，也可以防止弧线部分变形。

17 准备领子的面料，宽为 22cm，长为 70cm。

18 将两块面料缝合，然后将一半面料粘上粘衬。

19 将领子对折熨烫，开口向下，摆放在领口上。如图所示，与左前襟对齐的领子一端是直角，需要剪裁出一定的角度。将直尺放在前襟的边缘，沿直尺位置剪下领子上的三角，注意预留 1cm 的缝份。

20 缝合领子与衣身。注意粘衬位于贴身的这面。

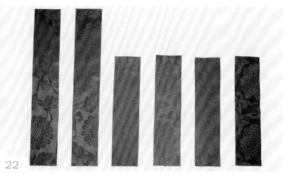

21 为了使领子能缝合平整，可以将三角部分向
内折。缝合时先将没有粘衬的一面与衣身缝
合，有粘衬的一面用手针扦边。

22 准备两条宽度为 6cm、长度为 35cm 的直条
面料，制作一对长系带。然后准备 4 条宽度
为 6cm、长度为 25cm 的直条面料，制作两
对短系带。

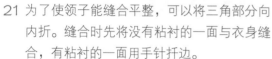

23 准备做护领用的面料。

24 准备面粉、过滤布和刮浆刀。

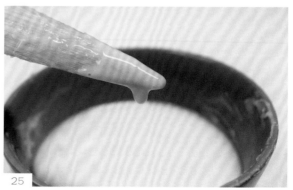

25 往面粉中倒入少量开水，充分搅拌。面粉成团后再次倒入开水，不要搅拌，让成团的面粉在开水中静置3~5分钟。蒙上过滤布，倒掉水，搅拌面团。再次注入少量开水，搅拌面团，使面团化开，呈糊状。如果是薄涂，需要多加水；如果是厚涂，则应少加水。此处需要薄涂，将面糊搅拌成图中所示的效果即可。

26 用刮浆刀蘸取适量浆糊，一侧在护领面料上刮涂，注意要均匀薄涂。

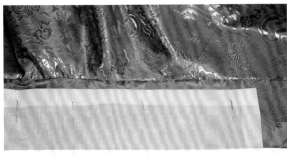

27 刮完浆糊后，将护领平铺在桌面上，晾干，之后缝在领口处。

刮浆的护领也可以用粘衬替代。

小提示

明 交领长袄

143

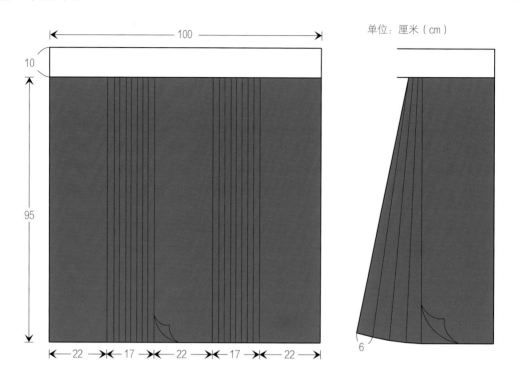

数据可根据实际情况调整，此版型图的参考身高为166cm。

裙身面料：织金定位花面料

裙腰面料：棉麻

工艺：织金提花

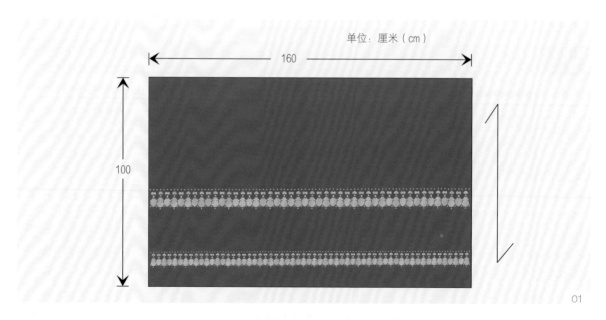

01 准备裙身面料。图中纬线方向160cm是面料幅宽，经线方向100cm是一个定位花长度。

02

02

03

02 制作马面裙需要准备 3 个定位花长度的面料。
将其中一块面料从 1/2 处纵向剪开。

03 剪掉面料的布边。（也可以不剪掉，但要将
布边包缝进缝份里。）

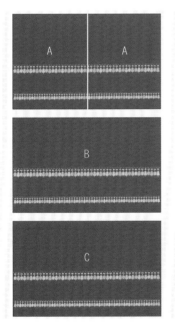

04

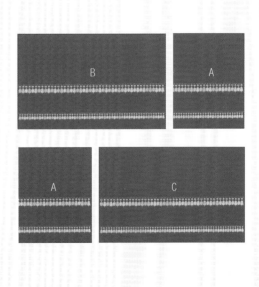

04 将剪开的面料（A）分别用来去缝手法拼接到 B（一块完整面料）的右边和 C（另一块完整面料）
的左边。这样做是为了使接缝的位置在身体的后面。花形较大的面料拼接时需要注意，花纹要对齐。

如果用 4 个定位花长度的面料制作马面裙，两两相接即可。

小提示

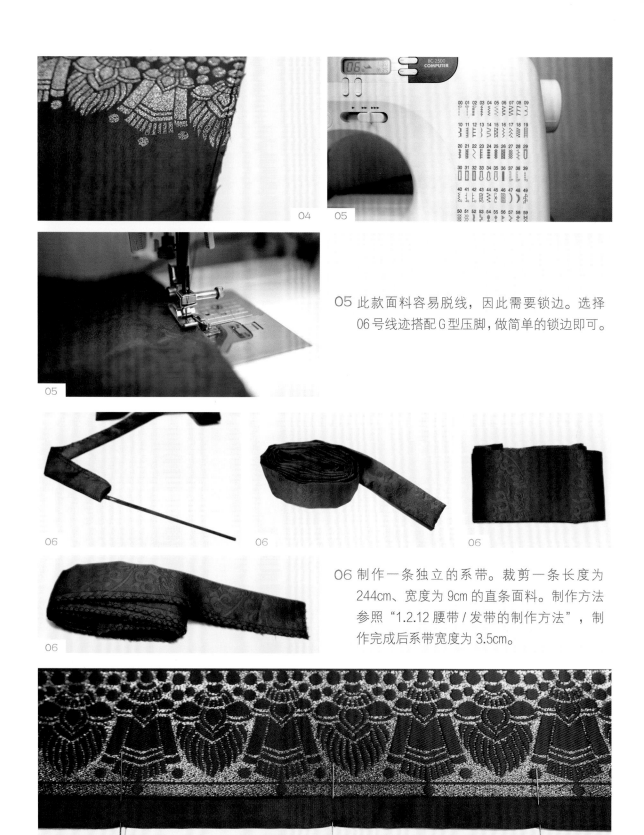

05 此款面料容易脱线，因此需要锁边。选择 06 号线迹搭配 G 型压脚，做简单的锁边即可。

06 制作一条独立的系带。裁剪一条长度为 244cm、宽度为 9cm 的直条面料。制作方法参照"1.2.12 腰带 / 发带的制作方法"，制作完成后系带宽度为 3.5cm。

07 熨烫裙片边缘，在不影响花纹完整的情况下，边缘的宽度应为 1~2cm，用珠针固定。

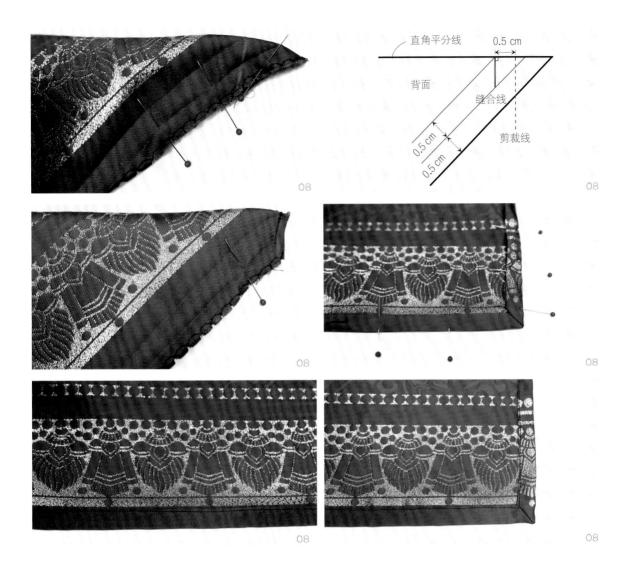

直角平分线 0.5 cm

背面

缝合线

剪裁线

0.5 cm

0.5 cm

08

08

08

08

08

08 准备缝合裙片边缘。在缝合前先介绍一下直角的缝法。拿出一个角，沿直角平分线对折，使面料背面朝外，得到的角为45°。缝合示意图中红线部分，注意红线垂直于直角平分线。缝合后，剪下缝合线右侧多余的部分。剪裁线距离缝合线0.5cm。以缝合线为轴翻折面料，使面料正面朝外。熨烫翻折后的边，用珠针固定，缝合边缘。裙片与裙腰连接的部分用锁边机锁边。

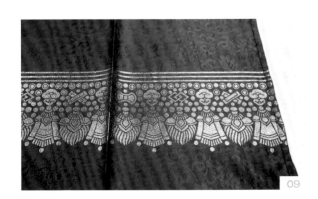

09

09 将裙片两端各向内熨烫出22cm的裙门。（裙门是指马面裙光面不打褶的部分，马面裙前后共有两对裙门。）

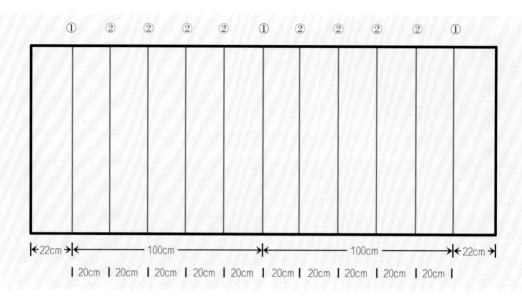

①　②　②　②　②　①　②　②　②　②　①

|←22cm→|←—————100cm—————→|←—————100cm—————→|←22cm→|

|20cm|20cm|20cm|20cm|20cm|20cm|20cm|20cm|20cm|20cm|

10　准备熨烫褶子。按序号顺序熨烫：先熨烫①号，即前后裙门和侧中线；再熨烫②号，即褶子露在外面的折线；依次类推。侧中线左右两侧各有 5 个褶裥，所有折线都是向外凸出的。

11　将面料正面朝上平铺在桌上，并用珠针固定。熨好的折线向侧中线倒伏。前后裙门的间距计算方法为（裙腰围 − 裙门宽 ×3）/2=（100cm−22cm×3）/2=17cm。

12　两侧向中间倒伏的褶裥是工字褶（合抱褶），注意中间两个褶是相对的。用上一步算出的间距除以 8 就是褶裥间的距离，即约 2.1cm。

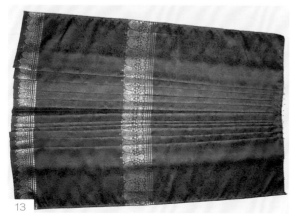

148

13 调整裙摆褶裥的宽度，用珠针固定。然后熨烫平整，先熨烫裙片正面，再熨烫裙片背面。

14 将两个熨烫好的裙片的裙门缝合，右侧裙片的裙门在上，左侧裙片的裙门在下，缝合腰部。

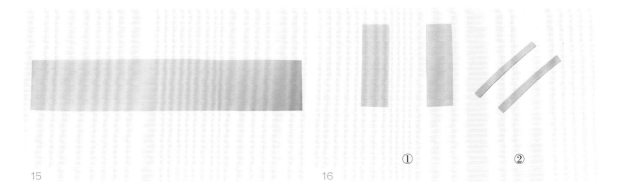

15   16   ①   ②

15 准备一块 102cm×18cm 的棉麻面料，用来制作裙腰。

16 准备两块 12cm×4cm 的棉麻面料，将其制成腰带襻。

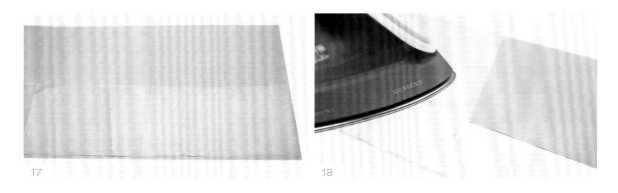

17   18

17 准备一块 102cm×8cm 的纸衬，将其粘在裙腰一侧。

18 熨烫纸衬，注意用浅色棉布垫在纸衬与熨斗之间。

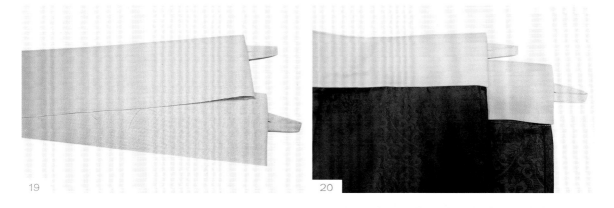

19   20

19 将裙腰沿横向中线对折，将腰带襻夹在裙腰两端的面料之间。

20 将粘了纸衬的一面与裙片的正面缝合。在裙腰的背面熨出 0.8cm 的缝份。

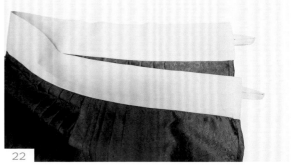

正面细节　　　　　　　　　　　　　　　反面细节

21 将缝纫线换成与裙片一致的蓝色缝纫线，底线换成与裙腰一致的浅蓝色缝纫线。缝纫机针紧贴裙腰一侧缝纫。

22 完成效果。正面看不到裙腰上的线迹，反面可以看到线迹。裙子平铺呈扇形。

裙摆的褶量与腰部的褶量一致时，是平行褶。
裙摆的褶量大于腰部的褶量时，是梯形褶。
　如果腰围和臀围相近，可以选择平行褶；如果臀围比腰围长 20cm 以上，建议选择梯形褶。腰臀尺寸差越大，梯形的下摆开口越大。

小提示

明
马
面
裙

第七章

装饰小物制作案例

制作荷包是古代女子的必修课。荷包可以作为钱袋，也可以在里面放一些香粉或者香丸作为香包。古代有不少女子在荷包上绣花草，或绣名字，将亲手制作的荷包作为定情信物。此案例讲述的是缎面荷包的制作方法，缎面是比较常见的用于制作荷包的面料。

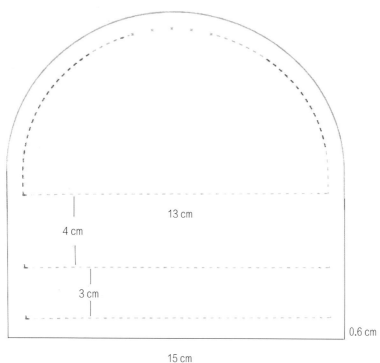

缎面版型图

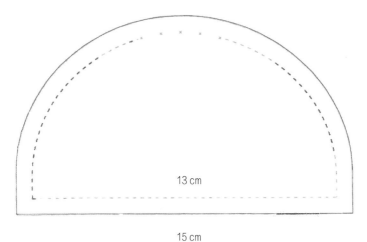

里衬版型图

图中数据表示的是常见的荷包尺寸，可根据实际情况进行修改。

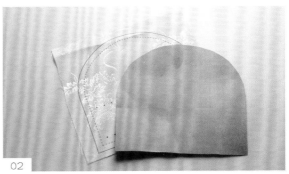

01 准备缎面荷包的制作材料：两片缎面、一块里衬棉布、一个流苏、一把纱剪、若干针线和若干珠针。

02 依据版型图中所示数据，在缎面上画出剪裁线。

03 用纱剪沿画出的剪裁线裁出裁片。

04 将里衬的面料也按版型图所示的尺寸裁出两片裁片。

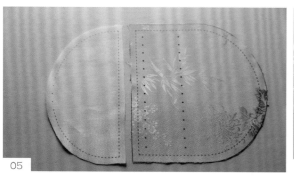 

05 一片缎面裁片和一片里衬裁片为一组，背面相对，并用珠针固定直线边。

 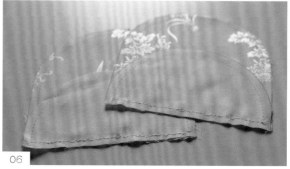

06 沿面料上画出的虚线，将用珠针固定的一组面料的直线边缝合。

07 将两组面料中里衬背面相对，用珠针固定。

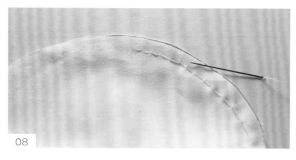 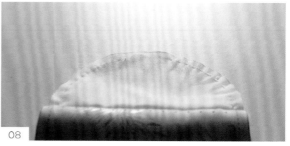

08 将两组面料中的里衬缝合在一起，只缝合弧线部分，留出1cm的缝份。弧线中间留一个缺口，暂时不缝合。

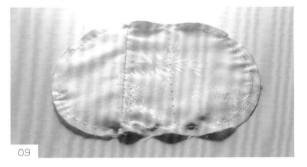

09 另一边的缎面面料也用同样的方式处理，但弧线上不留缺口。

10 从步骤 08 留出的缺口处将整个荷包翻过来。

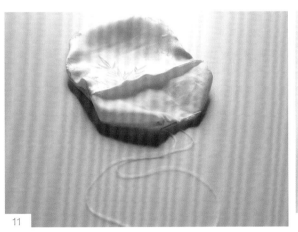

11 用藏针手法将步骤 08 留出的缺口缝合。

12 将里衬塞到缎面里面，如图所示。

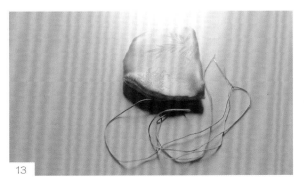

13 将缎面再塞入一些，大约 5cm 即可。

14 用粗线将荷包的开口处缝合一下，每针间隔 3mm 左右。缝制一圈以后，在线的接头处打一个结，以防散掉。

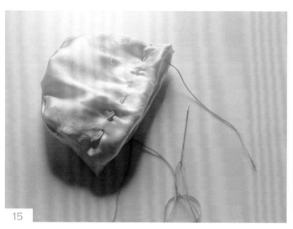

15 再穿一条粗线，从荷包开口处的另一侧缝起，方法与步骤 14 相同。

16 将流苏系到线头上，荷包制作完成。

● 7.2 轻罗小扇

"银烛秋光冷画屏，轻罗小扇扑流萤。"小时候听到这句诗的时候，觉得"轻罗小扇"这个词特别有画面感。团扇是古代闺中女子的配饰，可用来扑蝴蝶、扑流萤，别有风味。这款手工团扇的制作并不困难，但形状的把握需要多多练习。

01　所需材料：一片欧根纱、棉线（最好与欧根纱同色）竹制扇柄、铁丝花片、纱剪、手缝针、铁丝、铁钳和胶水。

02　用铁钳将铁丝凹出五瓣梅花的形状，作为扇框。

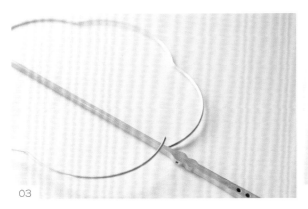

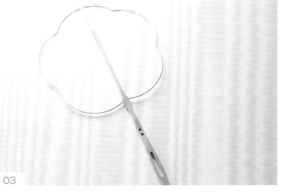

03 将竹制扇柄与扇框安装在一起。

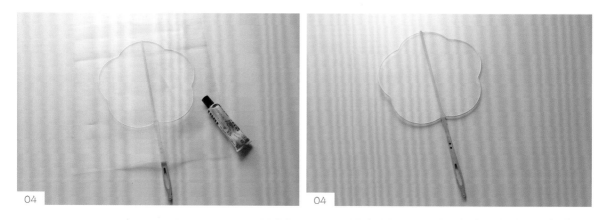

04 将欧根纱用胶水粘到铁丝上，用纱剪修剪掉扇面外多余的面料。

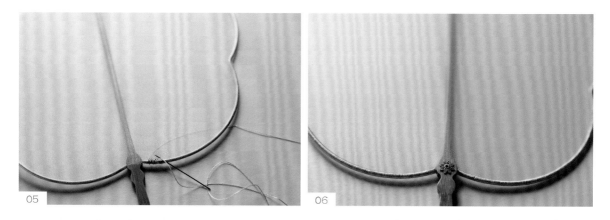

05 用棉线缠绕扇框，一层层缠绕得紧致一些。

06 在扇柄上贴上铁丝花片。

　　轻罗小扇在光下质感很轻透。案例中制作的是素面扇，也可以制作刺绣版罗扇，做罗裳剩下的花罗也可以制成花罗版罗扇。

刺绣版罗扇

花罗版罗扇

后记

去年的这个时候，小思到我家来与我讨论写书计划，当时的情形依然十分清晰。在写这篇文字时，我发现已经过去了一整年！这一年对于我们三个人来说都是意义非凡的一年，三个不同行业、有着正式工作、大部分时间身处异地、一年见面不超过三次的人，各自承担着巨大的工作量。

我的所有个人时间都用来制作汉服、拍摄、做图、写教程。在这个过程中，因不断学习新技能，已写稿件被不断修正，我重来再重来，直到我们三个人都满意为止。

小思是一个总揽全局的人，方向明确，效率惊人。她能连续拍摄 20 小时，只为拍出令人满意的照片。面料上的绣花是小思找绣花厂盯着他们制作的，面料、配色、花形也是改了又改。为了使这些服装不但好看，而且能日常穿着，还能实现批量化生产，她不厌其烦地做各种尝试。

我和汉鹏结识于"楚和听香"，那时他是高定部的设计主管，给我的第一感觉是，他真的很年轻！汉鹏是个追求完美的人。在他眼里没有"差不多"，只有"还可以再改改"。我们在北京的面料市场找面料时，我见识到了他对面料色彩、材质的严苛要求。为了找到满意的面料，他自己跑去广州，买回料子染色，做数码印花。

我的特长大概是主意特别多，有的能实现，有的太离谱，一次次尝试也一次次失败。我要尽可能地把制作服装的工艺和心得都表达出来，让大家学有所得。所以，本书做到现在能让我们都满意的版本，实在不容易，希望作为读者的你也能感到满意。

祝大家阅读愉快，生活愉快！

许寒达

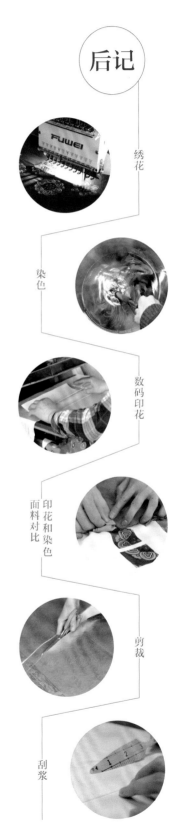

绣花

染色

数码印花

印花和染色
面料对比

剪裁

刮浆

参考书目

[1] 沈从文 . 中国古代服饰研究 [M] . 上海：上海书店出版社，2011.

[2] 黄能馥，陈娟娟 . 中国服饰史 [M] . 上海：上海人民出版社，2014.

[3] 刘瑞璞，陈静洁 . 中华民族服饰结构图考（汉族编）[M] . 北京：中国纺织出版社，2013.

[4] 包铭新 . 西域异服：丝绸之路出土古代服饰复原研究 [M] . 上海：东华大学出版社，2007.

[5] 傅伯星 . 大宋衣冠：图说宋人服饰 [M] . 上海：上海古籍出版社，2016.

[6] 撷芳主人 . 大明衣冠图志 [M] . 北京：北京大学出版社，2016.

[7] 济宁市文物局 . 济宁文物珍品 [M] . 北京：文物出版社，2010.

[8] 陈芳 . 粉黛罗绮：中国古代女子服饰时尚 [M] . 上海：生活·读书·新知三联书店，2015.

[9] 杜钰洲，缪良云 . 中国衣经 [M] . 上海：上海文化出版社，2000.

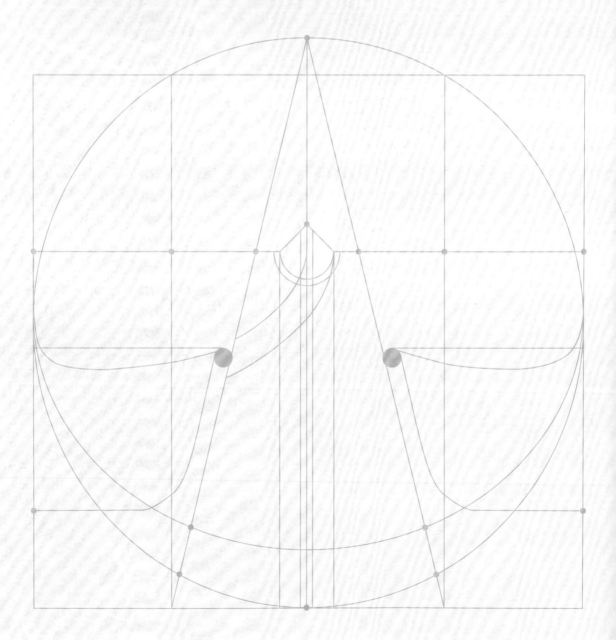